中国重要农业文化遗产系列读本

江西万年
稻作文化系统

JIANGXI WANNIAN

DAOZUO WENHUA XITONG

闵庆文　邵建成◎丛书主编

何　露　闵庆文◎主编

中国农业出版社

图书在版编目（CIP）数据

江西万年稻作文化系统 / 何露，闵庆文主编. -- 北京：
中国农业出版社，2014.10
（中国重要农业文化遗产系列读本 / 闵庆文，邵建成主编）
ISBN 978-7-109-19564-6

Ⅰ.①江… Ⅱ.①何… ②闵… Ⅲ.①水稻栽培－文化史－江
西省 Ⅳ.① S511-092

中国版本图书馆CIP数据核字（2014）第226398号

中国农业出版社出版

（北京市朝阳区麦子店街18号楼）

（邮政编码 100125）

责任编辑：黄 曦

————————

北京中科印刷有限公司印刷 新华书店北京发行所发行

2015年10月第1版 2015年10月北京第1次印刷

————————

开本：710mm×1000mm 1/16 印张：10.25

字数：200千字

定价：39.00元

（凡本版图书出现印刷、装订错误，请向出版社发行部调换）

编写委员会

丛书主编：闵庆文　邵建成

主　　编：何　露　闵庆文

副 主 编：江德明　陈章鑫　张　丹

编　　委（按姓名笔画排序）：

王　玮　王炳万　占子勇　田　密

史媛媛　刘某承　杨　波　吴　斌

陈化寨　袁　正　蒋业胜

丛书策划：宋　毅　刘博浩

重要农业文化遗产是沉睡农耕文明的呼唤者，是濒危多样物种的拯救者，是悠久历史文化的传承者，是可持续性农业的活态保护者。

重要农业文化遗产——源远流长

回顾历史长河，重要农业文化遗产的昨天，源远流长，星光熠熠，悠久历史积淀下来的农耕文明凝聚着祖先的智慧结晶。中国是世界农业最早的起源地之一，悠久的农业对中华民族的生存发展和文明创造产生了深远的影响，中华文明起源于农耕文明。距今1万年前的新石器时代，人们学会了种植谷物与驯养牲畜，开始农业生产，很多人类不可或缺的重要农作物起源于中国。

《诗经》中描绘了古时农业大发展，春耕夏耘秋收的农耕景象："畟畟良耜，俶载南亩。播厥百谷，实函斯活。或来瞻女，载筐及筥，其饟伊黍。其笠伊纠，其镈斯赵，以薅荼蓼。荼蓼朽止，黍稷茂止。获之挃挃，积之栗栗。其崇如墉，其比如栉。以开百室，百室盈止。"又有诗云"绿遍山原白满川，子规声里雨如烟。乡村四月闲人少，才了蚕桑又插田"。《诗经·周颂》云"载芟，春籍田而祈社稷也"，每逢春耕，天子都要率诸侯行观耕藉田礼。至此中华五千年沉淀下了悠久深厚的农耕文明。

农耕文明是我国古代农业文明的主要载体，是孕育中华文明的重要组成部分，是中华文明立足传承之根基。中华民族在长达数千年的生息发展过程中，凭借着独特而多样的自然条件和人类的勤劳与智慧，创造了种类繁多、特色明显、经济与生态价值高度统一的传统农业生产系统，不仅推动了农业的发展，保障了百姓的生计，促进了社会的进步，也由此衍生和创造了悠久灿烂的中华文明，是老祖宗留给我们的宝贵遗产。千岭万壑中鳞次栉比的梯田，烟波浩渺的古茶庄园，波光粼粼和谐共生的稻鱼系统，广袤无垠的草原游牧部落，见证着祖先吃苦耐劳和生生不息的精神，孕育着自然美、生态美、人文美、和谐美。

重要农业文化遗产——传承保护

时至今日，我国农耕文化中的许多理念、思想和对自然规律的认知，在现代生活中仍具有很强的应用价值，在农民的日常生活和农业生产中仍起着潜移默化的作用，在保护民族特色、传承文化传统中发挥着重要的基础作用。挖掘、保护、传承和利用我国重要农业文化遗产，不仅对弘扬中华农业文化，增强国民对民族文化的认同感、自豪感，以及促进农业可持续发展具有重要意义，而且把重要农业文化遗产作为丰富休闲农业的历史文化资源和景观资源加以开发利用，能够增强产业发展后劲，带动遗产地农民就业增收，实现在利用中传承和保护。

习近平总书记曾在中央农村工作会议上指出，"农耕文化是我国农业的宝贵财富，是中华文化的重要组成部分，不仅不能丢，而且要不断发扬光大"。2015年，中央一号文件指出要"积极开发农业多种功能，挖掘乡村生态休闲、旅游观光、文化教育价值。扶持建设一批具有历史、地域、民族特点的特色景观旅游村镇，打造形式多样、特色鲜明的乡村旅游休闲产品"。2015政府工作报告提出"文化是民族的精神命脉和创造源泉。要践行社会主义核心价值观，弘扬中华优秀传统文化。重视文物、非物质文化遗产保护"。当前，深入贯彻中央有关决策部署，采取切实可行的措施，加快中国重要农业文化遗产的发掘、保护、传承和利用工作，是各级农业行政管理部门的一项重要职责和使命。

由于尚缺乏系统有效的保护，在经济快速发展、城镇化加快推进和现代技术应用的过程中，一些重要农业文化遗产正面临着被破坏、被遗忘、被抛弃的危险。近年来，农业部高度重视重要农业文化遗产挖掘保护工作，按照"在发掘中保护、在利用中传承"的思路，在全国部署开展了中国重要农业文化遗产发掘工作。发掘农业文化遗产的历史价值、文化和社会功能，探索传承的途径、方法，逐步形成中国重要农业文化遗产动态保护机制，努力实现文化、生态、社会和经济效益的统一，推动遗产地经济社会协调可持续发展。组建农业部全球重要农业文化遗产专家委员会，制定《中国重要农业文化遗产认定标准》《中国重要农业文化遗产申报书编写导则》和《农业文化遗产保护与发展规划编写导则》，指导有关省区市积极申报。认定了云南红河哈尼稻作梯田系统、江苏兴化垛田传统农业系统等39个中国重要农业文化遗产，其中全球重要农业文化遗产11个，数量占全球重要农业文化遗产总数的35%，目前，第三批中国重要农业文化遗产发掘工作也已启动。这些遗产包括传统稻作系统、特色农业系统、复合农业系统和传统特色果园等多种类型，具有悠久的历史渊源、独特的农业产品、丰富的生物资源、完善的知识技术体系以及较高的美学和文化价值，在活态性、适应性、复合性、战略性、多功能性和濒危性等方面具有显著特征。

重要农业文化遗产——灿烂辉煌

重要农业文化遗产有着源远流长的昨天，现今，我们致力于做好传承保护工作，相信未来将会迎来更加灿烂辉煌的明天。发掘农业文化遗产是传承弘扬中华文化的重要内容。农业文化遗产蕴含着天人合一、以人为本、取物顺时、循环利用的哲学思想，具有较高的经济、文化、生态、社会和科研价值，是中华民族的文化瑰宝。

未来工作要强调对于兼具生产功能、文化功能、生态功能等为一体的农业文化遗产的科学认识，不断完善管理办法，逐步建立"政府主导、多方参与、分级管理"的体制；强调"生产性保护"对于农业文化遗产保护的重要性，逐步建立农业文化遗产的动态保护与适应性管理机制，探索农业生态补偿、特色优质农产品开发、休闲农业与乡村旅游发展等方面的途径；深刻认识农业文化遗产保护的必要性、紧迫性、艰巨性，探索农业文化遗产保护与现代农业发展协调机制，特别要重视生态环境脆弱、民族文化丰厚、经济发展落后地区的农业文化遗产发掘、确定与保护、利用工作。各级农业行政管理部门要加大工作指导，对已经认定的中国重要农业文化遗产，督促遗产所在地按照要求树立遗产标识，按照申报时编制的保护发展规划和管理办法做好工作。要继续重点遴选重要农业文化遗产，列入中国重要农业文化遗产和全球重要农业文化遗产名录。同时要加大宣传推介，营造良好的社会环境，深挖农业文化遗产的精神内涵和精髓，并以动态保护的形式进行展示，能够向公众宣传优秀的生态哲学思想，提高大众的保护意识，带动全社会对民族文化的关注和认知，促进中华文化的传承和弘扬。

由农业部农产品加工局（乡镇企业局）指导，中国农业出版社出版的"中国重要农业文化遗产系列读本"是对我国农业文化遗产的一次系统真实的记录和生动的展示，相信丛书的出版将在我国重要文化遗产发掘保护中发挥重要意义和积极作用。未来，农耕文明的火种仍将亘古延续，和天地并存，与日月同辉，发掘和保护好祖先留下的这些宝贵财富，任重道远，我们将在这条道路上继续前行，力图为人类社会发展做出新贡献。

农业部党组成员

自人类历史文明以来，勤劳的中国人民运用自己的聪明智慧，与自然共融共存，依山而住、傍水而居，经一代代的努力和积累创造出了悠久而灿烂的中华农耕文明，成为中华传统文化的重要基础和组成部分，并曾引领世界农业文明数千年，其中所蕴含的丰富的生态哲学思想和生态农业理念，至今对于国际可持续农业的发展依然具有重要的指导意义和参考价值。

针对工业化农业所造成的农业生物多样性丧失、农业生态系统功能退化、农业生态环境质量下降、农业可持续发展能力减弱、农业文化传承受阻等问题，联合国粮农组织（FAO）于2002年在全球环境基金（GEF）等国际组织和有关国家政府的支持下，发起了"全球重要农业文化遗产（GIAHS）"项目，以发掘、保护、利用、传承世界范围内具有重要意义的，包括农业物种资源与生物多样性、传统知识和技术、农业生态与文化景观、农业可持续发展模式等在内的传统农业系统。

全球重要农业文化遗产的概念和理念甫一提出，就得到了国际社会的广泛响应和支持。截至2014年底，已有13个国家的31项传统农业系统被列入GIAHS保护名录。经过努力，在今年6月刚刚结束的联合国粮农组织大会上，已明确将GIAHS工作作为一项重要工作，并纳入常规预算支持。

中国是最早响应并积极支持该项工作的国家之一，并在全球重要农业文化遗产申报与保护、中国重要农业文化遗产发掘与保护、推进重要农业文化遗产领域的国际合作、促进遗产地居民和全社会农业文化遗产保护意识的提高、促进遗产地经济社会可持续发展和传统文化传承、人才培养与能力建设、农业文化遗产价值评估和动态保护机制与途径探索等方面取得了令世人瞩目的成绩，成为全球农业文化遗产保护的榜样，成为理论和实践高度融合的新的学科生长点、农业国际合作的特色工作、美丽乡村建设和农村生态文明建设的重要抓手。自2005年"浙江青田稻鱼共生系统"被列为首批"全球重要农业文化遗产系统"以来的10年间，我国已拥有11个全球重要农业文化遗产，居于世界各国之首；2012年开展中国重要农业文化遗产发掘与保护，2013年和2014年共有39个项目得到认定，成为最早开展国家级农业文化遗产发掘与保护的国家；重要农业文化遗产管理的体制与机制趋于完善，并初步建立了"保护优先、合理利用，整体保护、协调发展，动态保护、功能拓展，多方参与、惠益共享"的保护方针和"政府主导、分级管理、多方参与"的管理机制；从历史文化、系统功能、动态保护、发展战略等方面开展了多学科综合研究，初步形成了一支包括农业历史、农业生态、农业经济、农业政策、农业旅游、乡村发展、农业民俗以及民族学与人类学等领域专家在内的研究队伍；通过技术指导、示范带动等多种途径，有效保护了遗产地农业生物多样性与传统文化，促进了农业与农村的可持续发展，提高了农户的文化自觉性和自豪感，改善了农村生态环境，带动了休闲农业与乡村旅游的发展，提高了农民收入与农村经济发展水平，产生了良好的生态效益、社会效益和经济效益。

习近平总书记指出，农耕文化是我国农业的宝贵财富，是中华文化的重要组成部分，不仅不能丢，而且要不断发扬光大。农村是我国传统文明的发源地，乡土文化的根不能断，农村不能成为荒芜的农村、留守的农村、记忆中的故园。这是对我国农业文化遗产重要性的高度概括，也为我国农业文化遗产的保护与发展指明了方向。

　　尽管中国在农业文化遗产保护与发展上已处于世界领先地位，但比较而言仍然属于"新生事物"，仍有很多人对农业文化遗产的价值和保护重要性缺乏认识，加强科普宣传仍然有很长的路要走。在农业部农产品加工局（乡镇企业局）的支持下，中国农业出版社组织、闵庆文研究员担任丛书主编的这套"中国重要农业文化遗产系列读本"，无疑是农业文化遗产保护宣传方面的一个有益尝试。每本书均由参与遗产申报的科研人员和地方管理人员共同完成，力图以朴实的语言、图文并茂的形式，全面介绍各农业文化遗产的系统特征与价值、传统知识与技术、生态文化与景观以及保护与发展等内容，并附以地方旅游景点、特色饮食、天气条件。可以说，这套书既是读者了解我国农业文化遗产宝贵财富的参考书，同时又是一套农业文化遗产地旅游的导游书。

　　我十分乐意向大家推荐这套丛书，也期望通过这套书的出版发行，使更多的人关注和参与到农业文化遗产的保护工作中来，为我国农业文化的传承与弘扬、农业的可持续发展、美丽乡村的建设作出贡献。

　　是为序。

李文华

中国工程院院士

联合国粮农组织全球重要农业文化遗产指导委员会主席

农业部全球/中国重要农业文化遗产专家委员会主任委员

中国农学会农业文化遗产分会主任委员

中国科学院地理科学与资源研究所自然与文化遗产研究中心主任

2015年6月30日

前言

万年，是一颗镶嵌在赣东北大地上的农耕文化的"明珠"，是"世界稻作文化发源地""中国贡米之乡"和"中国优质淡水珍珠之乡"。地如其名，万年历史悠久，有着灿烂的远古文明。早在旧石器时代，就有人在这里定居劳作、繁衍生息，古老神奇的土地孕育出源远流长、积淀深厚、光辉灿烂的稻作文化。境内的仙人洞与吊桶环遗址内的距今约 12 000 年的稻作遗存，经中美科学家鉴定，是由野生稻向栽培稻演化的一种古栽培类型，兼具野、籼、粳稻特征，邻近的东乡野生稻即为其祖型。据历史文献记载，明朝正德七年（1512 年），万年县知县为答谢朝庭建县之恩，将当地出产的"坞源早"稻制成大米进贡皇上，得到"代代耕作，岁岁纳贡"的恩赐，"万年贡米"亦由此得名。万年贡米接近野生稻形态特征，是古人不断从生产实践中逐渐选育而成，是带有显著野生稻特性的原始栽培稻品种。这些围绕传统贡米种植生产形成的贡米文化以及万年现代水稻生产一起构成了万年稻作文化系统。"万年稻作文化系统"于 2010年被列入全球重要农业文化遗产（GIAHS）名录，2013 年被农业部列入首批中国重要农业文化遗产（China-NIAHS）。

本书是中国农业出版社生活文教分社策划出版的"中国重要农业文化遗产系列读本"之一，旨在为广大读者打开一扇了解万年稻作文化系统这一重要农业文化遗产的窗口，提高全社会对农业文化遗产及其价值的认识和保护意识。全书包括八个部分："引言"介绍了万年稻作文化的概况；"稻作在这里发源和传承"介绍了万年稻作起源和万年贡米的栽培历史；"天赋的遗存和财富"介绍了万年世代相传的水稻耕作习俗和稻作民俗文化以及贡米文化；"与环境和谐共生的耕作系统"从遗传资源和耕作方式介绍了该系统的生态价值；"淳朴厚重的稻作文化"展示了与稻作相关的农谚、民歌民谣以及民间传说等；"延续千年的传统技术"介绍了万年贡米栽培生产的技术与知识体系；"任重'稻'远，路在前方"介绍了当前面临的危机、机遇以及发展对策；"附录"部分介绍了遗产地旅游资讯、遗产保护大事记及全球/中国重要农业文化遗产名录。

本书是在万年稻作文化系统农业文化遗产申报文本的基础上，通过进一步调研编写完成的，是集体智慧的结晶。由闵庆文、何露设计框架，闵庆文、何露、江德明、陈章鑫、张丹统稿，王玮、王炳万、占子勇、田密、史媛媛、刘某承、杨波、吴斌、陈化寨、袁正、蒋业胜参加编写或参与讨论。本书编写过程中，得到了李文华院士等专家的具体指导及农业部国际合作司、农产品加工局、万年县和农业局等单位和部门有关领导的热情鼓励和大力支持，在此一并表示感谢！

本书编写过程中，参阅了许多颇有意义的文献资料，限于篇幅，恕不一一列出，敬请谅解。书中所有照片，除标明拍摄者外，均由万年县农业局提供。由于水平有限，难免存在不当甚至谬误之处，敬请读者批评指正。

编　者

2015年7月12日

目 录

引言

民以食为天。

　　在全世界的粮食作物中，水稻和小麦、玉米位列三甲。按粮食作物的种植面积计算，水稻在世界范围内占五分之一，在中国范围内占四分之一。按粮食产量计算，水稻在世界占总产量的四分之一，在中国占三分之一。可见水稻对于人类生存和发展所需的食物供给价值何其重要。由于在亚洲范围内有二十亿的居民以水稻为主食，因此水稻被称为"亚洲的粮食"，而中国是亚洲也是世界水稻种植面积和产量最多的国家。

　　水稻对于中国人的意义更加特别。作为中国本土起源的粮食作物之一，水稻长期以来不仅列入五谷，成为民生的基础，而且在地理空间上构成北旱南稻这一中国农作物分布的基础。古籍《管子》中就有关于神农带领先民种植五谷的记载。说明早在神农时代，水稻就已经被列为五谷之一。后发展至殷商时代，我国栽种水稻的技术达到一定水平。至西周时期，稻米已发展成为贵族宴食上的常见食物。水稻从起源地到成为南方的优势作物，经历了一系列空间扩散历程，而且伴随人口增加与社会需求的变更，在水稻品种、种植制度方面也表现出相应的变化。

　　中国是世界稻作的起源地，亚洲其他国家和地区的水稻种植多由中国传播开来。中国在玉蟾岩发现的栽培稻谷壳实物和吊桶环遗址发现的栽培稻植硅石，都是世界上目前已知同类最早的实例。就中国范围来讲，根据目前的线索综合考虑，可以认为长江中下游地区是中国稻作农业起源地的范围。在环境气候条件相似、文化底蕴相接的广大稻作起源区中，除上述吊桶环、玉蟾岩一类的山间小盆地或河谷地带遗存外，也有可能在平原、湖滨、低丘陵地区的新旧石器过渡时期遗存中，存在着走向农业的另一条道路，如在洞庭湖西北澧阳平原发现的新旧石器过渡时期遗存就是一个线索。最终，汇聚在几个自然条件优越、文化基础深厚、发展较先进的考古学文化的区块中，形成多元发展、交互作用的几个稻作农业起源与发展中心。

万年历史悠久，有着灿烂的远古文明，"野稻驯化起于是，烧土成器始于斯，刻符记事源于此，物食易换发于兹。"20 世纪 90 年代，中外考古学家联合对万年县仙人洞和吊桶环遗址进行多次考古发掘，根据两洞穴遗址所采样品进行孢粉分析特别是植硅石分析研究，在旧石器晚期之末地层（15 000~20 000 年前）中出土了大量野生稻植硅石，在新石器时代早期地层（约 12 000 年前）中不仅发现了丰富的野生稻还有栽培稻植硅石，而且从早期至晚期，野生稻的比例逐渐减少而栽培稻的比例相应递增，这清楚地揭示了两洞穴遗址的居民由采集野生稻为主向依赖于栽培稻的这一生存方式的转化。吊桶环和仙人洞遗址的旧石器晚期之末地层中大量野生稻植硅石的发现，是我国长江流域首次发现的早于稻谷栽培的野生稻考古遗存；新石器时代早期地层中开始发现栽培稻植硅石，碳十四测定年代在公元前一万年前，是现今所知世界上最早的栽培稻遗址之一。同时出土的夹沙圈底陶罐是目前世界上最早的原始制陶，仙人洞出土的鱼骨镖，又是中国最早的记事、记数符号，吊桶环遗址同时还是世界上最早的猎物分配场所。这些发现为证明中国是世界水稻起源地提供了极为有力的科学证据，同时也有力地昭示了赣鄱地区是中国乃至世界的稻作起源中心区，万年也因此被考古界公认为是世界稻作起源地之一。

有专家提出，稻作起源地应具备以下四方面条件：① 发现中国最古老的栽培稻（或遗骸）。② 发现与古栽培稻共存的古野生祖先稻种（或遗骸）。③ 发现驯化古栽培稻的古人类群体及生产工具。④ 该地当时不仅具备野生稻生存、繁衍的气候与环境条件，而且具有驯化野生稻的强烈生存压力。1978 年，在与万年相隔不远的东乡县发现了野生稻群落，被认为是仙人洞与吊桶环内稻作遗存的祖型。

万年县荷桥村世代种植着传统水稻品种——万年贡米。据历史文献记载，明朝正德七年（1512 年），万年县知县为答谢朝庭建县之恩，将万年县出产的"坞源早"稻制成大米进贡皇上，皇帝食用后大加赞赏并传旨"代代耕作，岁岁纳贡"，万年"贡米"由此而得名。据研究，万年贡米接近野生稻形态特征，可能是古人不断从生产实践中逐渐选育而成，是带有显著野生稻特性的原始栽培稻品种。从而在该区域形成了由野生稻经人工驯化逐步过渡到万年贡米，再发展到目前栽培稻这一水稻形成与发展的历史脉络，进一步证明了万年在水稻生产和栽培方面的悠久历史，特别是在将野生稻驯化成栽培稻中，为人类文明的发展所作出的特殊贡献。

同时，围绕传统贡米种植、生产、加工和食用等，还形成了当地独具特色的稻作习俗和贡米文化。2007 年，万年稻米习俗及贡米生产技术入选第一批江西省级非物质文化遗产名录。2014 年 7 月，万年稻作习俗被列入第四批国家级非物质文化遗产代表性项目名录。万年县现代水稻生产则以贡米为基础，大力发展绿色大米、有机大米，使万年稻米文化赋予了新的生机。"万年贡米"获欧盟有机食品认证，是中国驰名商标、国家原产地域保护产品、省级地理标志产品。

2010 年，万年稻作文化系统正式成为联合国粮农组织全球重要农业文化遗产（GIAHS），2013 年被农业部列为首批中国重要农业文化遗产（China-NIAHS），该系统主要包含四个部分，即东乡野生稻、仙人洞吊桶环遗址、万年贡米和稻作文化。相信通过重要农业文化遗产的动态保护与适应性管理，万年稻作文化系统将会走向可持续发展之路，更加辉煌。

正所谓：

> 万年稻史万年长，名冠全球少有双。
> 野物栽培农创业，猎渔餐饭度蛮荒。

万年稻作文化系统全球重要农业文化遗产

2010年，时任联合国粮农组织驻中国、朝鲜、蒙古代表Victoria Sekitoleko
女士为万年县授牌

一

稻作在这里
发源和传承

万年，就像一颗镶嵌在赣东北大地上的明珠，散发出耀眼的光芒。万年历史悠久，有着灿烂的远古文明。早在旧石器时代，人类的祖先就在这块土地上定居劳作、繁衍生息，古老神奇的土地孕育出源远流长、积淀深厚、光辉灿烂的稻作文化。万年县位于江西省的东北部，乐安河下游，鄱阳湖的东南岸，是《鄱阳湖生态经济区规划》38个核心县（市、区）之一。找到了"一湖清水"鄱阳湖，就找到了万年县。这里土地肥沃，物产富饶。旧时，以出产稻米、茶叶、大豆为主，林、牧、副、渔次之。其中，稻谷生产占有独特的资源优势，素称"稻米之乡"。

仙人洞内模拟原始人生活情景

（一）　稻作文化发源地

古代文明的起源和发展总是和植物的驯化联系在一起，农作物的出现是人类自身发展史上一次伟大的革命。而人类何时何处将野生稻驯化成为栽培稻，是中外考古学家争论了半个多世纪的话题。稻作起源于何时何处？苏联著名遗传学家瓦维洛夫肯定我国是世界上最早、最大的作物起源中心之一，却认为水稻起源于印度。自20世纪50年代以后，我国考古事业蓬勃发展，各地出土的稻谷标本年代越来越早，远远超过印度及东南亚其他国家。特别是浙江河姆渡、江苏草鞋山、湖南彭头山等多处发现了7 000年以前的稻作遗存，"长江中下游是稻作起源中心"之说逐渐受到全世界的关注。于是，中国是世界稻作起源地，已成为全世界考古专家、学者的共识。

20世纪50年代末，在江西万年大源盆地，一个被称为仙人洞的溶洞被发现。30年后，在这个洞穴遗址中出土了目前世界上最早的栽培稻植硅石标本，从而将浙江河姆渡发现的中国稻作历史一下子提前了近5 000年，无疑给长江中下游起源说提供了极为有力的证据，也为证明中国是世界水稻起源地提供了极为有力的科学证据，同时也有力地昭示了赣鄱地区是中国乃至世界的稻作起源中心区。

仙人洞外景

东乡野生稻原位保护地（何露/摄）

对这个推断的证据还有：在万年附近的东乡县，至今还保存着一片野生稻，这是目前世界上分布最北的普通野生稻。有专家认为，世界上现在有一半以上的人口吃大米，也就是说，仙人洞先民种下世界第一棵水稻的创举，养育了今天世界一半以上的人口，这比四大发明的贡献还要大！

❶ 不平凡的古老洞穴

万年仙人洞位于距县城12千米的大源盆地小荷山山脚，呈狭长形。在盛夏稻子疯长的季节，穿行于大源盆地，就能体会到整个大源盆地如同巨幅水彩画，流淌出一种安详、古朴的美，这是我国罕见的旧石器时代末期向新石器时代早期过渡时期的典型洞穴遗址。

仙人洞（徐声高/摄）

《万年县志》有云：仙人洞有八奇。这里数里皆石，玲珑窈窕、千姿百态；绝岭处峰峦秀拔、峻壁横披；遇雨则盈山皆壑、瀑布飞流；石山上多古柏高松，苍翠挺立；洞内深处有径尺小塘，塘水清澈，时有小鱼，捉之不见；洞外左侧有小河轻歌曼舞，婉转流淌，春夏水涨又白浪掀撼，类似水国。

《万年县志》（正德庚辰版）序

舒清（德兴人）

万年为饶新造，邑居波、余、乐、贵四邑之徽，地僻而土刚，山深而岭峻。民生其间，多负气尚侠；且去各县治稍远，鞭长不及民腹。正德初，岁饥，遂乌合弄兵，四出焚戮，势张甚。上闻，遣总制陈公金，出师剿之，逾年始平。爰与方伯任公汉等议，必置邑束以官法，庶无后虞。疏奏，乃割四邑近地，合为一邑，而开治所于万年峰之阳。总制俞公谏，相厥攸宜，参政吴公廷举，任营度之功。邑治既成，而巡抚孙公遂至，变通宜民。适副宪公庭光，奉敕守兹土，谓不城以卫之，终非远图，即躬版筑之劳。功既完，人心始有定向，而政教旁达矣。邑尝有志，作于波阳乡进士刘君录，校正于郡守林公珹，既精且确。顾其时更始未久，庶事草创，卒难搜罗，事多阙，以待后者。邑令白侯绣，由吾邑著能声，调是邑。因阅前志，叹曰："今地颇安，文献毕集，失今不葺，后将不为废典乎！"谋于同寅县丞高君惟广，主簿吴君元著，典史汤君宏，暨儒学教谕王君銮，训导周君爵等，礼致乐邑司铎叶君，裁葺编摩，而王复校正焉。于是，邑之山川、疆域、田赋、民风、户口、丁役、学校、人才，与夫前言往行，陈迹旧闻，俱详记，无复遗憾矣。白侯将锓梓以传，嘱予序。惟志之作，所以贻范示劝；为民牧者，一启帙而挈千里于一日，运四境于一心，所览者约而所泽者博矣。志之有益于治也，不亦大哉！庸书以复白侯，而为来者告。

用文化的眼光看事物，文化便无处不在。20世纪50年代末，江西省委一名下乡工作干部，就用文化的眼光成为发现仙人洞的第一人。当时这位文化人在洞口发现有不少石器和动物骨骼等，意识到这不是一处简单的洞穴，他立即向省里汇报。这位文化人叫什么名字，至今已没有人能记得。

1962年2月，大源盆地处处春寒料峭，当时的江西省文物管理委员会考古队悄悄地进入仙人洞进行最初的调查。考古人员发现洞口暴露出许多动物的骨骼和大量螺壳，并采集到一件穿孔石器和一件砺石。另外还发现洞口右侧靠洞壁处有大量胶结堆积，高有1.3米左右，堆积里除了不少动物骨骼、螺壳外，还有少许红砂陶片。这些迹象表明，这是一处古代洞穴遗址。

当年3月，省里的考古发掘队来到仙人洞。这次历时50天的试掘收获颇丰，在28平方米的范围内，共获得石器、骨角器、蚌器和陶片等遗物300余件（片），动物骨骼碎片600余块，同时发现烧火堆遗迹12处。1964年4月，江西省博物馆考古队对仙人洞进行了第二次试掘，所得遗物种类与前一次相同。因技术手段相对落后，考古人员将仙人洞认定为单纯的新石器时代晚期，距今只有

一万多年前原始先民居住地：仙人洞（徐声高/摄）

6 000~7 000年。加上后来"文革"的原因，对仙人洞的发掘一度中断，刚刚苏醒的仙人洞又沉寂无声了。

不管怎样，遗址出土的生产工具和其他文化遗物也足以让我们对原始先民的生活画面浮想联翩：先民们腰捆用兽皮缝缀的衣服，胸前挂着蚌壳钻孔后串连起来的饰品，手握劳动工具，出去捕鱼狩猎、采集野生植物果实和螺蚌等水生动物充饥。同时在山洞里燃起火堆烧煮食物和取暖，在夜间还防御野兽的侵袭。从野生动物的

仙人洞陶片

仙人洞泥塑展示先人打猎情景

生活环境分析，今天的大源乡一带在当年还是森林、湖沼地区。原始先民却凭借粗笨的石器，依靠群体的力量和智慧，战胜自然，顽强地生存了下来。

② 惊世发现——世界上最早的栽培稻植硅石

早在20世纪60年代和90年代，考古学者们曾先后对位于江西省万年县的仙人洞与吊桶环遗址进行过5次考古发掘，证实万年仙人洞与吊桶环两洞穴的原始文化内涵极为丰富。共出土石器727件（片）、骨器245件、蚌器158件、原始陶片890余块、人头骨4个（片）和人骨标本20多件及近10万件（片）兽骨等，其中尤以稻属植硅石和早期原始陶器的发现将稻作文明的历史推前至12 000年，陶器发明的历史推前至17 000年，引起了中外考古、历史和农史学者的高度关注。这一

轰动国内外的考古发现，曾被评为1995年度和"八五"期间全国十大考古发现之一，世纪交替之际又被评为20世纪中国百项重大考古发现之一。

　　在仙人洞发现目前世界上最早的栽培稻植硅石标本，要归功于一位充满文化责任感的美国老人，他是享誉世界的考古学家马尼士博士。1991年秋天，马尼士应邀来江西，参加"首届农业考古国际学术讨论会"。老人不了解江西，但知道万年仙人洞。他认为，水稻起源应该是在中国，而且应当在长江以南。老人还说，人类初始是在山洞，然后才走向平原，最早的稻作应到洞穴里找。翌年，这位老人又实地考察了万年仙人洞，并提出对仙人洞重新进行考古发掘。回到美国后，马尼士一方面筹集资金，一方面不断向中国国家文物局申请，要求与中国合作联合考古，在江西北部地区对稻谷起源问题进行考古发掘和多学科研究。1993年8月18日，国家文物局批准了马尼士的申请，并指定北京大学、江西省考古研究所与马尼士所代表的基金会一起发掘。1993年的金秋季节，大队人马开赴万年

万年县吊桶环遗址

稻谷脱粒

仙人洞、吊桶环的原始先民早在14000年前的新石器时代早期就开始栽培水稻该组泥塑表现了当时先民们用蚌器、石磨盘等工具对稻谷进行脱粒。

仙人洞内泥塑展示原始先民如何稻谷脱粒

仙人洞现场，试着揭开水稻起源的神秘面纱。这是江西首次开度中外合作考古，阵容非常强大。考古人员抵达万年仙人洞后，开始清除早年的填土。一寸一寸地挖，一段一段地推进，小心翼翼地逐层取样。考古队员还在吊桶环遗址开探方18个，挖掘面积18平方米，发掘深度平均1.1米，除了出土一些石器、骨器、蚌器、陶片外，还发现了堆积如山的兽骨。翌年夏天，从北京大学传来好消息，通过孢粉分析，发现了栽培稻标本；后来从美方传来消息，通过植硅石检验，也发现了稻谷标本。1995年9月18日，中美考古学家再次踏进仙人洞、吊桶环遗址。3年的辛勤探索终于获得出人意料的收获，其中最引人注目的是在仙人洞和吊桶环遗址距今1.2万年到7 000年之间的地层中，发现了水稻植硅石标本。

仙人洞遗址有上、下两个不同时期的文化堆积，下层为旧石器时代末期，上层为新石器时代早期。吊桶环遗址分上、中、下三层，下层为旧石器时代晚期，中层为旧石器时代末期，上层为新石器时代早期。在两处的旧石器时代末期地层，都出土了野生稻植硅石，新石器时代早期地层，都出土了丰富的野生稻植硅石和栽培稻植硅石。这说明，在距今1万年前，人们已经开始人工种植水稻，同时采集野生稻；在距今7 500年左右的地层中发现的水稻植硅石，已经是栽培稻，说明稻作农业已经形成了。这是惊世的发现，距今1万年前的栽培稻植硅石，是世界上目前所发现的年代最早的栽培稻遗存，从而将根据浙江河姆渡确定的中国稻作历史一下子提前了近5 000年。

❸ 吊桶环是仙人洞居民的"大屠宰场"

要全面了解万年仙人洞，就得说说吊桶环遗址。吊桶环遗址位于大源盆地西南部吊桶环山山顶，此山因顶部有石洞外形酷似吊桶而得名，与仙人洞相距近1 000米。是万年县文物普查时由王炳万发现的，后被人称为"王洞"。

1999年8月到2000年1月期间，北京大学考古系和江西省考古研究所对仙人洞与吊桶环遗址进行了再次发掘。两遗址出土的遗物极为丰富，从两处洞穴遗址各层出土的包含物所反映的文化内涵看，表明它们之间有密不可分的联系。两处遗址地层堆积完整而清晰，这在江南发现的诸多洞穴遗址中是罕见的，为探讨人类如何从旧石器过渡到新石器以及新石器革命是在何种环境、何种状态下发生提供了一份宝贵资料。另外，仙人洞下层出土的陶片均为夹粗砂红陶，火候低，陶色不纯，厚薄不均，内壁凹凸不平，制陶技术相当原始。由于陶片过于破碎，仅复原一件成形器，这是迄今为止中国所见最早的一件成形陶器，其烧制年代在距今一万年以前。

王炳万向GIAHS项目科学委员会委员闵庆文研究员介绍仙人洞情况（何露/摄）

王炳万向专家讲解吊桶环遗址

吊桶环遗址比仙人洞多了一个地层，即旧石器时代晚期。从出土遗物看，仙人洞、吊桶环遗址两者的旧石器时代晚期之末和新石器时代早期层，文化面貌基本一致。另外，专家认为，从两处遗址所处位置和遗址自身的地形、地貌以及发掘揭露出的一些迹象看，相当于旧石器时代晚期，原始先民主要在地势较高的吊桶环栖息，到旧石器晚期之末，特别是随着一万年

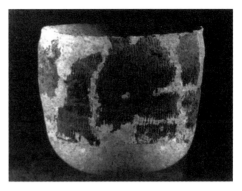

1962年，万年仙人洞遗址出土了口径20厘米、高18厘米直口圜底陶罐，是迄今世界发现年代最早的成型陶器，被誉为"天下第一罐"

以前新石器时代革命的到来，由于大源盆地环境的变化和逐渐被改造，原先主要在吊桶环栖息的原始居民开始走下山岗，把仙人洞等洞穴作为居住的主要场所，而这个时期的吊桶环，从出土有成千上万的动物骨骼碎片来看，应该是仙人洞居民狩猎的临时性营地和屠宰场。仙人洞居民狩猎获得野兽后，便在吊桶环屠宰分食，吃饱后便将剩余的带回洞里。

吊桶环遗址

（二） 上帝安排生产稻米的地方

万年贡谷具有不可移植性，仅荷桥村出产的才最为正宗，移植到其他地方其品质则明显下降。据专家考证，这是万年贡谷生长要求水土含有多种矿物质、山高坳深日照奇特、泉流地温变异等特殊的自然环境使然，而荷桥村则恰好符合这些条件。这种景观形成的小气候使得万年贡谷得以生长，从而将这一种质资源保留了下来。同时贡谷生长在山坳中，山上流下的山泉带着树木的凋谢物以及土壤中的矿物质常年灌溉农田，为万年贡谷的生长提供了营养。如果要保证万年贡谷

万年贡谷原产地——荷桥村

的正常生长，就必须保护好山林，这样才能有山泉常流，因此在贡谷所生长的农林生态系统中，不但保留了独特的物种和丰富的生物多样性，而且还形成了高效的水资源利用和良好的水土保持系统。

这里四季分明，气候适宜，垅田深层终年清泉长流，土中有机质丰富，万年县被世界农业考古学家、美国的马尼士博士喻为"上帝安排生产稻米的地方"，可谓养谷圣地。万年贡米就生长在这得天独厚的环境中，汲四季甘泉，沐雨露寒雾，采日月精华，取天地灵气。贡谷株株苗壮，贡米粒粒赛珠，堪称"米中极品"。

贡谷不是什么地方都可以种植的。它需要一定的生长环境，气温、土壤、日照许多方面都有特定的要求。荷桥这地方具备这些条件，所以种植的贡谷，穗长粒多，米质优良。

荷桥从何时开始种植贡谷的呢？相传，从这里建村的时候起，就开始种植了。

万年贡米稻穗

关于"荷桥"村名，民间有两种传说：一说，其祖远十四公迁来此地时正是六月，适逢村前池塘荷花盛开，取其幽香清洁，借以名村，"荷桥"之名流传至今。二说，远十四公定居此地后，一天夜里，梦见一老人，白发银须，体态魁梧，杖一燃藜，对他说："先生卜宅于此，日见天河耿耿，鸟鹊填桥，此乃风水宝地也。"说完老人不见。远十四公醒来，心想：迁来半年之久，未取村名，今夜此梦，莫非神仙点化，遂以"荷桥"命名，以取清高之义。族人赞许地说："此村名甚好，河道虽深，尚有变更之日，桥梁纵固，宁无倾圮之时？惟此河桥，屈指难纪。有苍天即有其河，有七夕即有其桥，岂不与天地并传哉！"这虽然是民间传说，却真实地反映了荷桥村人民的美好愿景。

荷桥，山水环绕，古木参天。村前有一条石板大路，系连通饶、信二州的车马古道。往来商贾，都必须取道荷桥。

这条古道，从荷桥往上走，经过百丈岭，可到贵溪三丫桥，再通往信州。往下经黄墩、株林、忠心垱可到陈营。再经珠山桥、百源坞，过千丈岭，走罗湖，就到石镇街了，然后乘船可达饶州。俗话说："过了千丈岭，肚子挺一挺。"意思

贡谷种植环境

就是说推米到石镇街过了千丈岭之后，开始走缓坡路，可以轻松一下子了。

旧时，荷桥推米到石镇街去，必须走这条古道。如果是到上饶，或者去河口（今铅山），也必须走这条路，可以说这条古道是连通饶广的"丝绸之路"。

明清以前，这条大道虽说连通饶广，但路面狭窄，坎坷不平，天一下雨，泥泞不堪。路两旁芦苇丛生，强人出没。商旅叫苦不迭。至清代荷桥有一位叫程观澜的人，他乐善好施，出资百万，将路面拓宽，从三丫桥至株林这一段，铺以花岗岩，并沿途遇水架桥。行人往来方便。路旁还设有茶亭酒肆，为往来行人提供食宿之所。

谈到桥，不能不说说黄墩村旁的庆亲桥。据县志载，这座桥并排架有三道石梁，四座桥墩，车马

裴梅荷桥古树腹中生竹

往来，可以并驾齐驱。这桥是黄墩村徐有桂修建的。徐有桂，字秉芳，例授营千总。性好义举，做事慷慨，其母吴氏年近八旬，患病。秉芳每日默祷神明，愿行方便，报恩万一。因村东庆亲寺旁有条大港，系饶广大路津口，水阔数丈，行人苦之。于是与乃兄秉诚、秉集商议，捐金数百，起建石桥。桥成而母病愈。安仁（今余江）县举人张炽，即以"庆亲"名桥，并置田产，为日后修桥补路之计。1949年5月，解放大军渡江战役后，国民党军节节败退，这些残兵败将，就是从这条古道向上饶方向逃窜的。解放军二野某部也从这条路上一直乘胜追击。现在因为修建了公路，这条古道也就湮没无闻了。

旧时荷桥有八景，其中"河桥车马"一景，就记载了这条古道的繁荣。诗曰：

冉冉驰驱历几俦，河桥古道日悠悠。

马嘶芳草鸡声远，车碾斜阳意未休。

正是这里交通便利，为这个村庄的发展提供了有利条件。

村前有条小溪，发源于百丈岭，村后也有条小溪，发脉于尚坑源。两水淙淙，清澈见底。双溪相汇于黄墩村下洋坝，弯弯曲曲，几经回澜，然后再流入珠溪河。荷桥八景中就有"双溪映月"一景，诗曰：

> 玉轮倒影水流霞，波皱因风动桂花。
>
> 天上人间原有路，张骞乘兴泛浮槎。

因为荷桥的地理环境、自然条件的优越，所以荷桥的落基始祖邵远十四公便选择在这里安家。

这年春天，远十四公带着三个儿子来到这里，盖了两间茅屋草草安顿下来。白天披荆斩棘，垦荒平田。清明过后，播下谷种。这种子是希望的种子。不久，种子萌芽，长出一片碧绿油油的禾苗，他们高兴极了。早稻快收割的时候，远十四公举家二十余口，全部迁来这里，准备收割早稻，他们砍木料，烧砖瓦，经过将近半年的艰苦努力，终于在燕窝、花园两地建起两幢新屋，一家大小便在这里安家落户。

第二年，他们又在附近的山头坞尾，开垦了一些荒田，扩大耕种面积。可这里山高水冷，不适宜种早稻。他们又回到邵港老家，换来一批一季晚稻种子播种育秧。眼看端阳快到，秧苗碧绿，他们一家人开始栽插一季晚稻，这年晚稻喜获丰收。

经过几年的辛勤耕作，他们得出一条经验：荷桥这地方，山高水冷，日照短，种一季晚稻，比早稻收成好。于是，一季晚稻面积逐年扩大，少量早稻只是为了应付上半年的灾荒。他们所种的一季晚稻有晚红、芒谷、坞源早等。应该说荷桥的贡谷生产，就是从建村时种的坞源早开始的。

万年贡米稻田

（三） 代代耕作，岁岁纳贡

❶ 贡米的起源

贡，献物予帝王，所献之物为贡品。贡米是中国古代封建社会时期由盛产稻米的地方经过对本地优质稻米精心挑选而敬奉给当时皇帝享用的大米，是对当地稻米的最高褒奖。

≪≪ 历史上有名的贡米 ≫≫

蔚州贡米

据《蔚州志》载：元至治二年（1322年）八月，蔚州献嘉谷。蔚县的黄小米，远在七百年前就成为贡品。

涿州贡米

涿州贡米早在乾隆年间便以其优良的品质名扬天下。涿州种植水稻始于南北朝，据史料记载，乾隆年间宫廷选用涿州"稻地八村"大米为膳米。

增城丝苗

《增城县志》记载：案近来，早熟有栋赤，有上造丝苗，有白谷仔颇佳，晚熟有泉水占，丝苗最佳。丝苗米是具有明显地方特色的优质籼稻，素有米中碧玉的美誉。

南城麻姑米

据《麻姑山志》载：银珠米，本山所出。四月始稼，八月方收，宋时取以作贡。

此外还有竹溪贡米、湘中贡米、京山桥米、梁港贡米、云南贡米、常熟鸭血糯、奉新柳条红、颗砂御米、车亭贡米等等。

贡米，是万年县名特产之一。它体长粒大，形状若梭，质白如玉，光洁透明，吃起来松软可口，满口生香，早在几百年前就誉盖五谷，名扬九州。

何谓万年贡米？明正德七年，万年县知县将该县所产"坞源早"进贡给皇帝

贡米特征

以谢朝廷建县之恩，帝食后大悦，传旨："万年米，代代耕作，岁岁纳贡。"万年贡米由此而得名（《万年县志》载）。相传，后来各州县纳粮进京必等万年县的贡米运到进仓后方可封仓。否则，粮仓不能封，城门不许关。

相传元朝末年，朱元璋同陈友亮在鄱阳湖上开展了一场恶战，一打打了一十八年。有一天，朱元璋中了陈友亮的埋伏，大败而逃，拼命地跑了一天一晚，才摆脱追兵。待他定下神来，向一个过路人打听，方知逃到了万年的荷桥。当时，万年一带连年大旱，农田里颗粒无收。人困马乏的朱元璋进村后，只见满目荒凉，几十户人家听不到一声鸡鸣狗吠，看不到一丝半缕炊烟。朱元璋出身贫寒，深知农家疾困，为了不骚扰百姓，带转马头

万年贡谷

进了村后的雷公庙。他把马放在庙后的荒坡上吃野草，自己找了块门板歇息。

不多久，朱元璋迷迷糊糊睡着了。忽然，他听见有人在哭，睁开眼，见一男一女两个少年跪在面前。这两位少年自称是米谷神仙，遭贬逐出蓬莱，见这一带平民百姓穷得连谷种都没有，便双双留下来造种。没想到久旱无雨，遍地生烟，如何种好？只好挖井掘泉找水。他俩挖了整整三百六十五天，水源还是找不到。今日紫微星到此，特来恳求，希望看在四方百姓面上，帮他俩一把。说完，人影一闪，出了庙门。

朱元璋很奇怪，悄悄爬起跟在他俩背后追出来。这对少年摇身一变，变成两棵稻苗儿。这两棵半枯半黄的稻苗儿在月色中随风轻轻摇摆，不一会儿就长高了，慢慢结出十几穗黄澄澄的谷子。朱元璋一见大喜，急忙返身进庙，想从案桌上拿一个香炉去装谷子。谁知忙中出错，拿的是一块落魄秀才遗落在庙里的大砚台。

朱元璋捋完谷子后，天色已经大亮。忽然听见村里传来阵阵哭声。他循声找去，见一人家停放着一男一女两具尸体。一问，男的叫野禾，女的叫芒谷，从去年至今，每天在荷桥坞里开凿泉眼，活活地累死了。朱元璋听后想起昨晚的情景，忙向众人请教找水的办法。一位老人上前说：“要想挖泉眼，除非请动雷公神。”朱元璋听后，立即回庙内，请雷公神相助。野禾，芒谷二人的苦心，雷公神早已经知晓，也很感动，但担心违反天条。见天子来请，急忙一跃站在半空中，一声霹雳过后，泉眼顿时大开……从此，荷桥坞里潺潺流水长年不断。荷桥百姓为了感谢雷公神，把此泉叫雷公泉。

荷桥坞里有了雷公泉，百姓忙着放水耕田。朱元璋连忙回到庙内拿谷种。这谷种恰恰放在雷公神的脚下。雷公神打开泉眼后，身上沾了不少泉水，这泉水一滴一滴地滴在砚台里，把好端端的一砚台谷种染黑了，少许墨迹渗进了米粒。后来，贡米的米尖上都有一个线型点，成为区分真假贡米的标志。说来奇怪，这些谷种只适合雷公泉的泉水，一移到别处，不是变质变味，就是变色变样。

后来，朱元璋登了基，做了大明的皇帝，荷桥百姓为了感谢朱元璋，把这种米进贡到朝廷。从此以后，万年荷桥的野禾，芒谷就被列为贡米了。

万年历史上栽种的水稻品种繁多，经几千年的培育繁殖，形成难以数计的水

稻品系。旧时，早稻有：团粒早、莲塘早、五十早、早红等；中稻有：堆屎白；晚稻有：坞源早、芒谷、油红、野禾仍等品种。其中，坞源早由于品质优良，后来成为进贡皇宫的"贡谷"。

贡米是万年的一张名片。万年人在外地，一遇到熟人，谈起家乡风物，往往如数家珍般地竖起大拇指称道。外地人到万年观光旅游，无不捎上几包贡米回去，让亲朋好友品尝品尝。贡米，在悠悠水月中形成的一张靓丽名片，享誉国内外。

传统稻作品种万年贡谷

万年贡米系列产品

第二届万年原产贡米竞拍现场

新中国成立以来，万年贡米在历次参展和评比中获得一系列奖牌，受到社会各界的普遍赞誉。如1956年广交会上曾荣获银奖，1958年印度尼西亚万隆博览会上被评为"优质大米"。还先后获得"江西省名牌产品""国家免检产品""中国贡米之乡"及中国驰名商标等称号。早在20世纪50年代，就走上了中央首长的餐桌。1958年党中央在庐山开会，毛泽东主席、周恩来总理等老一辈无产阶级革命家都曾兴致勃勃地品赏过万年贡米。1970年8月，中国共产党九届二中全会在庐山召开，当时省委调集了万年贡米上庐山。周恩来总理吃着万年贡米饭，还仔细地询问万年贡米的产量和产地的情况。从80年代至今连续被评为江西名牌产品，商业部优质产品。1995年日本国学院大学文学院考古研究室教授加藤晋平、小村达雄来到万年，开始两位教授在吃饭时只是象征性盛了半小碗不到，可是吃完半小碗后二人嘀咕不停，翻译马上给二位添了满满一小碗，他们边吃边说"万年贡米颗颗粒粒都是珍珠"。

2007年，在该县举办的"第二届中国万年国际稻作文化旅游节"稻米珍珠博览交易会上，种出"世界上第一粒水稻"的江西万年县出产的5千克原产地贡米经过拍卖，创下了每公斤1.38万元的天价，比4 000千克普通大米的价格还高。

② 贡米的特点

"万年贡米"原名籼稻"坞源早",俗称"芒谷",名列香稻之首。谷粒长而瘦,顶端有针芒,也就是说,每一粒谷尖上都长有一根坚硬的长长的芒,故当地民间又有"一粒稻子三寸长"的说法。这长长的谷芒其实是它的防身武器,野猪、鸟雀不敢侵害和啄食,宛如人放天养,无拘无束自由地生长。"坞源早"沐自然之精华,饮山水之甘霖,自田间生长、抽穗、扬花到收割后加工成米,都散发出沁人心脾的清香。脱壳后的米粒质白如玉、半透明,米无腹白,油润光亮,晶莹剔透,用香米煮出的米饭,白若冰雪,柔糯可口,浓香扑鼻,令人垂涎,故有"一亩稻花十里香,一家煮饭百家香"之赞誉,堪称"米中一奇"。万年贡米系列优质稻,汲四季甘泉,采日月精华,沐雨露寒雾。其米质营养丰富,同比高蛋白低脂又含多种微量元素,食之宁心爽神,有养胃之药膳之功能,是天然的、理想绿色食品。如果用这种米磨成米粉、熬成米糊给小孩子吃很少生病,给老人吃一个个精神矍铄。

万年贡谷具有长长的谷芒

中国地理标志是中国政府为保护原产地优质产品，而向经过有关部门认证的原产地产品颁发的产品地理标志。凡通过中国地理标志认证的产品，均可在其产品表面张贴中国地理标志图样。中国地理标志的认证机构为中国国家质量监督检验检疫总局。中国地理标志产品的保护，源于1999年推出的原产地域产品保护制度。截至2011年5月，中国政府已批准1 192项产品为地理标志产品。

2001年，全国人大常委会对《商标法》进行第二次修改，将地理标志纳入注册证明商标的保护范围，进一步明确了以注册商标保护地理标志的基本原则，并将管理办法上升到法律层面。

此外，2007年农业部依据《中华人民共和国农业法》和《中华人民共和国农产品质量案例法》颁发《农产品地理标志管理办法》。该办法规定了农产品地理标志实行公共标识与地域产品名称相结合的标注制度，附带公共标识基本图案。主要保护农业初级产品，即在农业活动中获得的植物、动物、微生物及其产品。

蔺全录等（2011）

万年贡米粒细体长，形状如梭，质白如玉，米色透明，软而不黏，味美醇香，具有较好的人体所需宏量元素和微量元素，具有中偏低的糊化温度，具有较高的胶稠度，具有一定的药膳功能。2005年，万年贡米获地理标志产品保护，成为了我国第135种原产地域产品，是大米中的第7种，迄今仍为江西省唯一的大米类国家地理标志产品。

地理保护标志

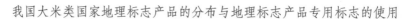

我国大米类国家地理标志产品的分布与地理标志产品专用标志的使用

省份	国家地理标志产品	批准日期	专用标志使用	
			企业数	商标数
黑龙江	五常大米	2003.5.10	0	0
	方正大米	2005.4.6	37	52
	响水大米	2007.1.18	0	0
	珍宝岛大米	2008.3.14	0	0
吉林	梅河大米	2006.12.22	11	11
	延边大米	2006.12.31	1	1
	姜家店大米	2008.3.14	4	5
辽宁	盘锦大米	2002.9.10	102	60
	恒仁大米	2006.9.25	10	8
山东	鱼台大米	2008.12.31	0	0
河南	原阳大米	2003.12.24	0	0
陕西	洋县黑米	2006.3.23	1	2
江苏	河横大米	2006.9.25	0	0
	东海大米	2008.12.10	6	6
	射阳大米	2008.12.17	0	0
	兴化大米	2009.8.31	0	0
江西	万年贡米	2005.4.4	1	2
湖北	京山桥米	2004.12.23	25	25
四川	长赤翡翠米	2005.5.9	1	1
	仪陇大山香米	2006.9.25	1	1
福建	河龙贡米	2008.7.10	0	0
广东	马坝油粘米	2004.9.20	6	4
	增城丝苗米	2004.9.20	5	5

王树婷等（2009）

　　与其他大米相比，万年贡米保持了一万多年前野生稻的长芒植物学特征。株高穗长，成穗率仅50%，芒长且坚韧，谷直而不勾咀，外在形态有别于一般稻谷。

　　万年贡米稻属喜温、抗寒、耐瘠薄水稻作物，生育有着明显的区域局限性。万年县属亚热带湿润性季风区，四季分明，年均日照数为1 803.5小时。万年贡米稻栽培在高、中丘陵地区的山垄，海拔高度在15~80米，土层一般较厚，质地稍黏，有机质含量较高。山上树多林茂，田垄较窄，耕作层较深，田块兜风，日照

万年贡谷与杂交稻对比

直射时间短，伏天雷阵雨多，昼夜温差大。地表水和地下水资源丰富，灌溉用水水质富含多种人体需要的微量元素。

万年贡米稻为一年生水稻，属晚熟晚籼稻品种。春季播种，到初冬才能收获，全生育期155~180天左右，出苗到抽穗110天左右。万年贡米保持了野生稻长芒的植物学特征，株高140~170厘米，茎秆细较坚实，株型松散易倒伏，叶片窄长青绿色，并附有较厚茸毛，前期叶下披，后期叶向上斜伸。分蘖力较强，一般单株分蘖在10根左右，穗长23厘米左右，着粒较稀，每穗谷100粒左右，结实率60%，谷粒顶端长芒，芒色基本相仿，呈淡黄色，芒较坚韧，并具弹性不易拆断，谷长直形，千粒重25克，谷壳较薄，出糙率70%、整精米率60%左右，米粒长宽比

贡米原产地

万年贡米营养成分

蛋白质8%以上，胶稠度85毫米
直链淀粉含量25%以上
钙含量48.4毫克／千克
锌含量21.4毫克／千克
锰含量16.4毫克／千克
铁含量0.5毫克／千克，
铜含量2.58毫克／千克
镁含量217毫克／千克
维生素B1 0.4毫克／千克
维生素B2 0.2毫克／千克
脂肪酸值18.9KOH毫克／千克

与人同高的贡谷

田间的万年贡谷（徐声高/摄）

2，白玉色，透明度好，饭香可口，软硬适中。

　　万年贡谷宜山垅田，凉活水常流，吸四季甘泉，抗寒力、抗病力较强，抗旱性差，对高温敏感，耐瘠薄，不耐肥。不需施用农药、化肥，亩产稻谷仅有200千克左右。一般4月中下旬播种，亩用种3千克、占用秧田0.1亩*，5月中下旬移栽（秧龄35天左右），栽插规格7×7寸**，每穴栽2~3粒谷秧。

---

* 1亩≈666.67平方米　　** 1寸≈0.0333米。

二

天赋的遗存
和财富

延续万年的水稻生产和稻作文化，不但使万年及周边地区的住民得以繁衍生息，更让它独特的文化得以传承。无论是农业生产所带来的稻谷，还是以稻谷为载体的农耕文化，都是万年人最宝贵的物质与精神财富。也正是这些财富，共同构成了万年特有的农业文化遗产的重要组成部分。稻米作为该地区的主食，贡谷的种植为当地提供了丰富的产品，同时当地居民认为贡米具有一定的食疗作用。贡谷的生长周期较长，与杂交稻相比需要更多的劳动力投入，可以适当地解决一部分农村劳动力资源。同时贡米种植的收益较普通稻米更高，因此能提高当地居民的收入。

田头签订单（赵德稳/摄）

（一）物质财富，助力"三农"

　　远古时期，万年这块土地上就有人类活动。先民们已经学会使用磨制石器，开始种植庄稼，饲养家禽家畜，跨进了农业和畜牧业的门槛。万年仙人洞人不仅把野生稻驯化成栽培稻，加以种植，收获稻谷，还用石杵将稻谷艰难地捣成大米，用以充饥。他们还懂得人工取火，以御寒冷；烧起火堆，用来照明。火的使用，大大地增强了他们征服自然的能力。但是万年仙人洞人生活环境却极其恶劣，劳动工具十分简单粗糙，只靠个人力量，无法生存下去。所以，他们只好十几个人居住在一起，共同劳动，共同抵御野兽的侵袭，共同享受劳动果实，过着群居的生活。

仙人洞内模拟原始仙人生活情景

万年是"稻米之乡",传统的稻米习俗已在该地域传承了上万年,全县15个乡镇仍延续着传统稻米习俗。

万年地区位于鄱阳湖东南部,属亚热带大陆气候,四季分明,整体地势东南高、西北低,多为高、中丘陵,其中山地占总面积的61.4%,耕地面积占20%左右,素有"六山一水二分田,一分道路和庄园"的说法。区内土层较深,土壤多为水稻土和潮土。沟渠纵横,清泉长流。大暑至白露的两个月中,当地雷阵雨多量大,灌溉水温也比气温低3~5℃。在稻米生长期内日均气温在25℃左右,昼夜温差在10℃左右。

万年地区种植的稻米,尤其是万年贡米属喜温、抗寒,怕旱,耐瘠薄水稻作物,该地区的地形地貌和气候特征适宜它的生长,也是其质优味美的主要原因。万年高、中丘陵地区,山上植被树多林茂,垅田(丘陵间的小块平原)较窄田脚较深,这种田块兜风,日照直晒时间短,正好符合其喜温的要求。

良好的自然环境造就了优质的万年稻米,也为万年人的生存提供了最基本的生活保障和财富来源。

明朝万历年间特赐封万年稻米为贡米,以后年年耕耘,岁岁纳贡。到明末清初时期,万年贡米被赐定为"国米",是当时我国四大国米之一。

世世代代的辛勤耕作,除了直接食用之外,还通过进一步的加工,生产出相关的产品,用于食用和售卖。主要的贡米加工产品包括了贡谷酒、贡谷粉、贡米年糕、贡米盪(dàng)皮、贡米糖等。

除了上述从古至今传承下来的稻谷产品外,如何围绕稻米生产和稻作文化,在传承同时发展稻谷和贡米的产业化,成为当代和未来的

贡米盪皮

万年县稻米习俗及贡米生产技术分布图

图例：　★　万年稻米习俗分布区域

　　　　○　万年贡米生产基地

　　　　▅　万年贡米粮种繁育基地

重要方向。只在体现在推动社会和经济发展中才能真正体现重要农业文化遗产的价值；只有能让农民受益得到实惠，让产业得到发展，才能真正实现重要农业文化遗产的保护与传承。因而万年贡米产业的大力发展是实现万年稻作文化系统保护与传承的重要手段，让企业在保护与传承中唱主角，通过积极弘扬稻作文化，倾力培育万年贡米品牌，最大限度把稻作文化遗产资源优势转化为品牌优势、让品牌优势转化为发展优势、经济优势。

万年县已成功申报成为"中国贡米之乡"；江西万年贡米集团晋升为国家级农业龙头企业，入选"中国粮油企业100强"和"中国大米加工企业50强"，通过大力推行"公司+合作社+农户"的经营形式，集团建立了50万亩的贡米生产基地，形成了51万吨的年加工能力，成为全市首家销售收入近20亿元的大型粮食加工集团企业；"万年贡米"获欧盟有机食品论证，是中国驰名商标、国家原产地域保护产品、省级地理标志产品和使用GIAHS（全球重要农业文化遗产）标识产品。"万年贡"大米品牌已成为中国驰名商标、央视上榜品牌，演绎成为"国米万年贡"。

长期以来，贡米一

万年贡米生产车间及其产品

中国驰名商标

直是万年的支柱产业，在当地的经济发展中发挥了十分重要的作用。首先，贡米加工产业的发展，解决了当地相当数量的人员就业问题；其次，贡米本属农产品，可以有效地促进农业增效，农民增收，每年初都有浙江客商直接与万年当地政府农民签订订单，包销全部产品，万年贡米除一部分出口外，40%销往浙江，30%销往广东和福建，本省只20%的销量，历年产值达2亿多元。

贡米是大米中的极品、珍品，它的种植推广，是一项重要的农业课题。万年贡米是天然的无公害绿色产品，不含任何有害物质，对人的身体健康非常有益，可以满足现代社会人们对保健的需求。万年贡米先后荣获国家地理标志保护产品、中国驰名商标、江西名牌产品和7个"绿标"等众多荣誉。荷桥村作为万年贡米原产地，2005年被国家公布为原产地域。2007年，万年贡米成为受省级保护的地理标志产品。做大贡米支柱产业，对于提升农产品质量和附加值，提高农民收入，推动农业发展有着重要意义。

此外，万年珍珠，是全国淡水珍珠的发源地、国家淡水珍珠养殖示范基地

万年贡系列产品

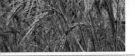
和繁殖技术标准化基地。万年生猪，供港免检并占全省供港份额的40%，已通过国家无公害标准化示范区验收。贡米集团和生猪集团是全市仅有的两个在"十一五"期间销售收入过10亿元的农业龙头企业。万年生猪、大米加工、珍珠养殖被列为省"十个百千"工程三大基地，万年贡米集团被列为省政府调度的十大农业项目，万年青股份有限公司是上市公司。

绿色产品认证皇阳贡米

原产地域保护产品

（二）稻作文化，源远流长

我们目前还没有资料证明，现代万年人的血管里流淌着的就是这些先民的血液，但是有一点可以肯定，是他们在万年这块土地上揭开了世界稻作文化的序幕，创造了中华灿烂的农业文明。

在珠溪河流域的祈子山、猛山、肖家山诸多商周遗址，留下了不少先民生活的遗迹，它告诉我们：万年这块土地上的稻作文明，自远古以来，并没有中断，而是发扬光大、代代传承。他们在发展的过程中繁衍并养育着子孙后代。可以这样说，万年的稻作文化，历史悠久、源远流长。

在漫长的历史长河中，我们的祖先，不断改进耕作技术，培育优良品种，提高产量，虽然步履艰难，但终于一步一步地走到了今天，迎来了一个稻作文化的辉煌时代。

稻作文化是万年独特的、鲜明的、不可再生的文化品牌。千万年来，作为万年独特文化优势资源的稻作文化已深深扎根于民间，稻作文化资源已成为万年人重振雄风和加快发展的一大品牌。弘扬稻作文化，做大做强稻作文化品牌，使之走出中国，走向世界，这对于提高万年知名度和美誉度，带动旅游相关产业持续健康发展具有十分重要的现实意义。

万年稻米习俗主要包括以下几个方面：

一是农谚方面，万年的农民往往借物候预告农事，流传有"懵里懵懂，嵌社浸种""清明前后，撒谷种豆""谷雨前，好种棉""小暑小割，大暑大割"等。在长期辛苦的水稻耕作实践中，为了放松心情，形成了不少歌谣，如《一根线》："一根线，搭过河，河边崽伙会栽禾；栽一棵，望一棵，望得禾黄娶老婆。"还有不少遍及万年城乡的民歌，如《长工耘禾歌》等一些平腔山歌，多为农田劳作时所唱，节奏规整，似说似唱，长于叙事。此外，还在一些在集体劳

原生态民歌《长工耘禾歌》

动中所唱的民歌称之为号子，如《舂米号子》这类农事号子，曲调明朗、欢快，旋律优美，生活气息浓，充分地体现出一种地方特色极浓的稻作文化。

二是在节令习俗上，如立春五戊为春社，过了这天，天气转暖，耕牛下田，农民开始春耕。万年农家都认为，社前耕牛淋不得雨，淋了雨会生虱子。旧时春社是祭社公的日子，传说社公是主持一方人畜平安的土地神。人们演社戏，祈求风调雨顺、国泰民安。从某种意义上说，"春社"的习俗向我们传递着一种稻作管理技术的原始信息。现在科学种田，大多数万年农民不信神，不求天，社公庙也毁了。

三是在饮食上，如每年过年家家户户都要制作米糕。千百年来，农民总是"鸡叫做到鬼叫"，种田的辛劳程度是难以言说的。因此，农家对来之不易的收获格外珍惜，并由衷地尽情庆贺，每年下半年丰收季节，几乎每家每户都开始做米糕，这种米糕做得非常大，浸泡在水中，要一直吃到来年开春。

另外，谷粒进仓，新米上市时，农家都习惯用新糯米酿制米酒，来分享丰收的喜悦。此外在万年人的红白喜事中也常有与稻作有关的习俗。如丧葬，分报丧（通知至亲好友）、大殓（遗体梳洗换衣后放入棺木）、出殡（抬棺入墓）等三步。无论大户小户，办丧事都要设灵堂，将遗体陈于客厅，并摆灵让亲友祭奠。遗体的头旁，必须盛上一碗米饭；脚边，点上一盏油灯。据传，这是让亡人在阴曹地府吃饱了赶路，虽然荒谬，却也可见对米饭的重视。再如上梁，农家建房屋，有"抛梁"的习俗，垒墙立柱竣工时，便举行架梁仪典，由木工扛着油光锃亮的木梁，齐步迈向新宅。待木梁依次搁上山墙，组成梁框屋架之势时，立即将装满白米的红布袋挂上正梁，这袋子米称为"压梁米"。然后从正梁抛撒米糕或馒头。

❶ 代代相传的水稻耕作习俗

万年稻作文化系统具有文化传承价值。万年人民对水稻生产有着深厚的感情，在水稻生产早期，万年人民就发明了放红绿萍选田，打桩排泉，扎草人拒鸟，油茶籽壳磨粉防虫等原始的水稻栽培管理方式，其中扎草人拒鸟现在在部分山区仍然能够找到它的痕迹。目前万年很多地方还保留着"敬老有福，敬土有谷""开秧门""祭谷王"等农耕信仰，这些信仰不仅在维系农耕社会秩序，遵守道德规范，净化人们心灵，保护自然环境等方面都发挥了重要作用，而且为稻作文化的形成奠定了坚实的基础。

稻作文化历史源远流长，万年稻米习俗及贡米生产技术有着深厚的文化底蕴，它是民俗和人类生存发展史的一个缩影，在整个古文化系列中占有重要地位。万年大源仙人洞、吊桶环遗址长期以来，作为一种重要的文化载体，为中华文明乃至世界文明的延续发挥了巨大的作用，对研究稻作文化和饮食文化有着很高的价值。

贡谷从荷桥建村引进耕种后，至今也有八百多年的历史。在这漫长的岁月里，它经历过无数次的水、旱、虫灾的考验，也经历过沧海桑田的洗礼，终于艰难的走到了今天。

万年贡谷不仅养育了这块土地上的人民，发展了古代农业文明，而且历经艰难岁月、饱尝人世辛酸，极大地充实了稻作文化的内涵。

许多与稻作文化相关的民风民俗，既是历史文化的积淀，又是农业文明的传承。比如，立春是二十四节气之一，但这里的人对立春比之其他节气要重视的多。俗话说"新春大如年"，因为"新春"这一天，是一切农事活动的开始。这天，荷桥这一带的农民点香灯、放鞭炮，祭祀春神，他们还要把小牛犊，穿上护鼻（绳），扛着犁到田里教小牛犊走犁。一人牵牛绳，一人扶犁，边犁田，边吆喝，有时还"叭叭"地甩上几鞭，故称教小牛犁田叫"打春"。小牛犊经过教犁之后，待到春耕时，就要和其他壮牛一样服役了。

二十四节气是中国古代订立的一种用来指导农事的补充历法，是中国古代汉族劳动人民长期经验的积累和智慧的结晶。二十四节气形成于春秋时期，当时定出了仲春、仲夏、仲秋和仲冬四个节气，到秦汉期间，完全确立。2006年5月，"二十四节气"作为民俗项目经国务院批准列入第一批国家级非物质文化遗产名录。

春社，立春五戊为春社。所谓戊日，是古时用干支记日法而定出来的。大家都知道天干是：甲、乙、丙、丁、戊、己、庚、辛、壬、癸。地支是：子、丑、寅、卯、辰、巳、午、未、申、酉、戌、亥。立春后第五个"戊"日就是社日。秋社是立秋后第五个"戊"日。春社，人们很重视。这天要吃得丰盛，大鱼大肉。俗话说："社日社八块（肉），腊肉蒸蒸菜。吃了八块肉，躲在田坎下哭。"为什么要躲在田坎下哭呢？意思就是过了这一天，无论刮风下雨，还是"倒春寒"，农民都要下田劳作。真的遇上坏天气，只好躲在田坎下哭泣罢了。社日，家家户户除吃得丰盛外，还要用米春粉做社果，配上几样酒菜到村头祭祀社公菩萨，祈求社公保佑六畜兴旺、五谷丰登。祭毕，全家人吃社果。

社日这天，牛也放"假"休息。民间传说社日是牛的生日。过了社日，无论刮风下雨，天气变冷，牛都要出工，再也没有"假"了。

春秋二社，由来已久，并不是贡谷产区的独特节日。古代就有"春社""秋社"的记载。农民在这天祭祀土地神、喝社酒、看社戏。唐代诗人王驾写的《社日》一诗，就是一幅当时社日的风情画。诗曰：

> 鹅湖山下稻粱肥，鸡栖豚栅半掩扉。
>
> 桑拓影斜春社散，家家扶得醉人归。

《荆楚岁时记》也记载了古代社日的民俗："社日，四邻并结，综合社牲醪，为屋于树下，先祭神，然后飨其胙。"由于春社在春分前后，故这里的农谚云："先分后社，米谷过不得夜；先社后分，米谷倒囤。"即是说，这年先春分后春社，那么这年稻谷可能歉收，所以米谷"过不得夜"；如果先春社后春分，这年就丰收，米谷卖不出去。当然这种说法，并没有科学依据，只是反映了古代农民对春社的顶礼膜拜罢了。每当秋收作物成熟，荷桥地区的一些村庄，都要请班子演"社戏"，以庆丰收。

"逢丙入梅，逢庚入伏"。就是芒种后第一个"丙"日，就进入梅雨季节，正是早稻生长发棵的大好时候了。出梅一般是小暑后第一个"未"日。小暑过后，正是这一带早稻收割的时候。如果"小暑"这天响了雷，那就苦了农民。农谚云："小暑响了雷，重新做过梅（天）"。这就意味着梅雨不停，既影响收割，又会造成新谷发芽，还有可能涨大水。俗谓："梅水下山"。一般说：这一带只有梅水下山后，才不会涨大水了。

所谓"逢庚入伏"，就是夏至过后第三个"庚"日，就进入初伏；第四个"庚"日，就是中伏。立秋过后第一个"庚"日就是末伏。农谚"头伏芝麻二伏粟"，就是指到了头伏就要播种芝麻，二伏要播种黄粟。别看这些农谚寥寥数语，却蕴含着农民数千年来耕作经验。旧时，这些农业气象知识一直是农民按季节播种，适时收获的耕作指南。

荷桥这一带，农民种田还信"几龙治水""几牛耕田"的老皇历。先说"几龙治水"。几龙治水是根据干支纪日定出来的，每年从正月初一到十二日，哪一日干支逢"辰（龙）"，便是几龙治水。十二日中有一日逢"辰"（龙）的，例如丁丑年正月初一逢"辰"，便是一龙治水，这年可能干旱。如果正月十二逢"辰"，便是十二龙治水，这年可能涨大水。初七初八，数字不多不少，便说这年不旱不涝，是个好年成。

再说"几牛耕田"。从正月初一至十二日，哪一日逢"丑"（牛），便是几牛耕田，正月初一逢丑，便是一牛耕田；初十日逢丑，便是十牛耕田，耕田牛少，就是歉岁；耕田牛多，便是丰年。其时，用十天干，配十二地支（动物）是古代历法家编排组合而成的。它用来纪年、纪月、纪日、纪时。一共有六十组不同的组合形式，六十组完了，又重新开始，这样周而复始的循环下去。因为干支组合的第一组是"甲子"，故把这种组合方式，称之为甲子。由此可以看出，"几龙治水""几牛耕田"只是反映人们对新一年的美好愿望，用它来预测旱涝灾害是没有科学依据的。

❷ 积淀深厚的稻作民俗文化

仙人洞人日出而作，日落而息，常年"面朝黄土背负天，曲腰躬背扶锄犁"，在长期的水稻耕作实践中，积累了丰富的经验，也创作积累了一大批反映生产生活的农谚、民谣以及民间神话、传说、故事等的民俗文化。这些民俗文化，以各自不同的形式，活跃在民间，世代相传。充分体现了劳动人民的政治观点、意志愿望、生活情趣，形成万年稻作文化的独特风格，生动地透视出万年稻作文化多姿多彩的特征，具有强大的生命力，不少稻作文化习俗至今仍沿袭不衰。这些稻作民俗，是万年人生活的抒情诗。这些在农耕生活中形成的稻作民俗文化，仍然是万年人建设万年的宝贵财富。

水稻千万年的种植，富庶了万年的大地，也使万年聚集了醇厚的民间习俗，尤其是节令习俗。如教犁、春社祭社公、敬五谷神、清明敬土神，开秧门，端午划龙舟，尝新节，拜稻祖，祈龙求雨，开镰谢谷神等。这些稻作农俗别具风情，数量之多不胜枚举，有些仪礼至今仍在流传。每年的端午节在万年最为热闹，这时，除家家户户包粽子、煮茶蛋外，石镇、梓埠、齐埠等地的群众自发组织龙舟比赛，以示对丰收的庆贺，四乡八亲的群众都纷至沓来，聚在河边，外出务工的人员也会赶回家乡，观看和参加一年一度热闹非凡的龙舟活动。端午节龙舟活动，到处响彻着喧天的鼓声和"嗬哟嗬哟"的号子声，场面十分壮观。"五月五，是端午。吃粽子，佩香囊，备牲醴，看龙舟……"每逢端午节，万年县每年都会在乐安河上举办端午龙舟赛，梓埠镇、石镇镇、陈营镇和湖云乡等乡镇的各个村庄均会组织龙舟队伍参与其中。江南部分地区农村把农历六月初六定为尝新节，节日里先以新米饭敬祖宗，再以新米饭给狗尝，然后才是全家聚餐，"以犬尝稻"的仪式在万年乡村延续了上千年。

（三） 稻作起源，贡米文化

作为万年稻作文化的发祥地，为保护万年仙人洞、吊桶环遗址和万年贡米原产地，万年县先后投入巨资，对万年仙人洞进行修缮和建设，对两遗址周边植被进行恢复；广泛收集相关文物，建立仙人洞、吊桶环遗址博物馆；出台专门文件，严禁企业和个人在仙人洞、吊桶环周围从事采矿活动，严禁在仙人洞、吊桶环遗址附近办企业等；积极争取国家、省、市有关部门的大力支持，仙人洞遗址被江西省政府列入省级风景名胜区、被国务院列入全国重点文物保护单位。2008年万年县出台了《关于加强神农源（仙人洞）风景名胜区生态保护的规定》。万年贡米收录在国家作物种质资源库，荷桥村作为万年贡米原产地，2005年被国家公布为原产地域。万年县绿色（有机）稻米基地被江西省科技厅确定为"鄱阳湖生态农业示范基地"。2012年11月，万年贡谷"坞源早"作为地方资源性品种经

荷桥原产地指示牌

江西省品种审定委员会审定通过。2013年，"万年稻作文化系统"被写进江西省中小学教科书。2014年，万年稻作习俗成功申报为第四批国家级非物质文化遗产代表性项目名录。

2005年开始，万年县每两年举办一次稻米文化节，先后举办了四届中国（万年）国际稻作文化旅游节，并在旅游节期间，承办了农业考古国际学术讨论会、栽培稻与稻作农业的起源国际学术研讨会、稻米产业绿色安全可持续发展等与稻作有关的国际会议。特别在2012年11月26日至28日万年举办了"稻米产业绿色安全可持续发展"学术研讨会，研讨会云集袁隆平、谢华安、颜龙安、陈温福、Kong Luen Heong等五位国内外著名水稻专家，就稻米产业绿色、安全、可持续发展的最新进展、最新成果以及发展思路与策略，推动稻米产业绿色安全可持续发展，弘扬万年稻作文化，进行了广泛而深入的研讨。袁隆平院士表示要将万年贡米的稻穗保存于国家杂交水稻工程技术研究中心博物馆，以供展示与研究，并将稻种送海南进行培育。

首届中国万年国际稻作文化旅游节开幕式

同时，开展了一系列独具特色的民间民俗文化活动，不仅有力地弘扬了万年稻作文化，亦为万年县经济社会的可持续发展注入了新的动力和活力。广泛挖掘收集"神农"文化以及富有稻作文化特色的南溪跳脚龙灯、青云

第二届万年国际稻作文化旅游节开幕式

制作清明果

清明果制作过程.

抬阁、乐安河流域"哭、嫁、吟、唱"和盘岭大敕庵的传说等相关民间民俗资料，编撰民间文化资料册，赋予稻作文化更多更新的文化内涵。

随着人们生活水平的不断提高，城乡居民对无公害食品、绿色食品和有机食品的需求不断增加，万年贡谷的生产符合现代人们对食品安全的要求，因此围绕贡谷发展绿色产业、有机产业，不仅利于环境保护和资源的可持续利用，还提升了万年区域知名度和影响力，促进了农村经济发展和农民收入的提高。同时在长期的农业生产中，万年民间围绕稻谷派生出许多诸如年糕、冻米糖、米粉、清明果和酒等产品。

此外，万年县以政府为主导，进一步完善相关的政策与法规；积极制定农业文化遗产保护区保护规划；充分挖掘文化价值，促进稻作文化旅游发展等发展对策，使万年稻作文化瑰宝大放异彩。

万年县正以建设国际稻作文化名城为目标，围绕实现"万年稻源甲天下、万年稻产甲天下、万年稻商甲天下、万年稻窗甲天下、万年稻学甲天下、万年稻香甲天下"，依托世界级的文化旅游资源，大力发展贡米、生猪、珍珠、雷竹、果蔬以及稻米相关联产品，拓展丰富农业的产业功能和产业内涵，开发建设以农业观光游、乡村休闲游、自然生态游等为重点的农业观光型农家乐。

清明果制作所需的水曲野菜

冻米糖

仙人洞花车展

袁隆平院士受聘万年贡米产业发展首席顾问

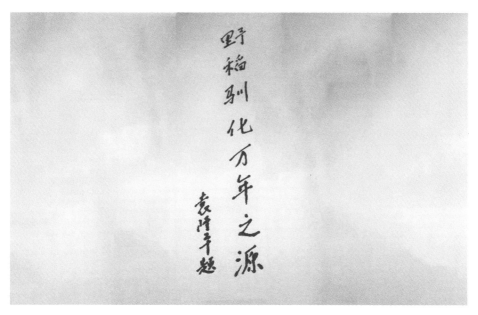

袁隆平院士题字

万年稻作文化标志物名称高层论坛专家考察仙人洞遗址

李文华院士考察荷桥贡米原产地（何露/摄）

中国稻米城授牌

三

与环境和谐共
生的耕作系统

万年县的贡米是原始的栽培稻，也有专家认为是栽培的野生稻，而东乡野生稻是栽培稻的始祖，它们都是难得的农业物种资源，而野生稻是解决人类未来粮食安全的一种物质保证。生物多样性不仅是未来医学、生命科学研究的宝库，更重要的是地球生命支持系统的核心和物质基础，是社会、文化、经济多样性的基础，它是维护生态系统稳定性的基本条件。

稻田生态系统水循环通过灌溉、接受降雨、径流、渗漏方式对地表和地下水资源产生影响，稻田及相邻的沟渠、山塘构成一个隐形的水库，有蓄水调洪的功能，还具有涵养地下水源的作用。

水稻通过光合作用吸收CO_2，将大气中的C固定下来，同时生产有机质和释放O_2，这是地球生态系统大气平衡的重要机制。同时，贡谷原产地周围的森林生态系统对局地气候也有一定调节作用。此外，在稻田灌水期，导致土壤中还原性厌氧环境的存在，为产生甲烷细菌和气体厌氧细菌提供了适宜的生存环境，不断分解土壤中的有机质，产生甲烷并排放到大气中，这是水稻生产对环境不利的一个方面，然而通过新型栽培技术，这些影响可以降到最低。

传统的种植方式

传统贡米的种植已经具有有机农业的属性，而现代贡米种植也积极向有机化、绿色化发展，有机稻作相对于常规稻作在生物多样性保护、减轻和降低农药、化肥等农用化学品的污染、改善土壤结构和水的渗透、增强土壤保持养分的能力，增加碳固定从而减轻温室效应等方面具有显著效益。

（一）　遗传资源，基因宝库

品种资源危机是当代全球性生物资源问题的重要组成部分，品种资源一旦消失，也就意味着历经亿万年进化和积累的许多优良基因的永远丢失。目前，我们还无法充分预测未来如何利用这些品种资源，但是拥有丰富的品种资源，人类就能够经受更大的挑战，获得更多的生存空间。因此，国内外发布了一系列条例条约来保护品种资源。

一般而言，野生植物体内多含有丰富的基因资源，是一多样化的"基因库"。野生稻资源对于水稻育种事业至关重要，甚至可以说，没有野生稻就没有中国的育种事业。没有野生稻资源，水稻育种就变成"无米之炊"。野生稻资源是水稻育种的"基础材料"，不可或缺。野生稻资源一旦灭绝，其损失将不亚于任何珍稀动植物的灭绝。据国际水稻研究所（IRRI）估计，到2020年，全世界对稻谷的需求将会由目前的5亿吨增至7.8亿吨。随着依靠扩大耕地面积和提高复种指数的潜力已越来越小，根本的出路在于通过遗传资源利用提高单产和稳产。迎接这一挑战的根本出路在于育种，而育种的突破很大程度上依赖于利用其野生近缘种的遗传多样性。因此可以说，野生稻资源的利用关系到我国今后的粮食安全问题。

《《 东乡野生稻的发现与保护 》》

据光绪《江西通志》载，"西晋太康五年（公元284年）秋，七月，豫章嘉禾生。"另据记载，江西明清两代众多栽培稻中，有称为"野黏""野禾红""野禾白"的品种，说明当时不仅有野生稻，而且存在人工利用野生稻的可能。

1970年，原江西东乡县东源公社五七干校（现东源乡林场）负责人艾德普注意到当地的"野禾"，并且观察到次年可重新生长。野生稻的发现也引起了东乡县农科所的重视，1974年进行引种，于1975年与"二九矮四号"（父本）杂交，获得种子，1976年杂交种种下后发生分离。

1978年11月，江西樟树农校邬柏梁等4人前往东乡，对普通野生稻的特征和生境作了初步考查，并采回种源。于1978年在江西省科学院动、植物学会的年会上提交了《江西东乡一带发现野生稻的调查报告》，这是关于东乡野生稻的最早文字报道。1978—1982年间，以江西省农科所姜文正为首的专家，先后到东乡多次考察，发现有3处9个野生稻种群，总面积0.2~0.3公顷；同时采集了3处9个种群样株，一套种植于江西省农科院水稻研究所普通野生稻圃（南昌莲塘），一套种植于广东省农科院水稻所中国普通野生稻资源圃（广东五山）。这些种群分布在第一处的是新乐大队（岗上积乡）樟塘生产队（饶家新村），该村附近的摇钱山下坎下垅水沟和樟塘四周均有生长，较远的水桃树下沼泽地有连片丛生；第二处是马岗山林场（东源林场）段溪大队叶下寺，在有泉水的水沟边、山塘边均有野生稻；第三处位于青湖大队，分为东塘上、东塘、东塘下和东塘西4个种群。在9个种群中以马岗山林场、水桃树下种群为最大。

江西省农业科学院水稻所在1980年就已从东乡野生稻原生地取样、编号和保存，并在南昌建立了异位保护圃9个居群的252株；1984年建立了水桃树下东乡野生稻居群原位保护区，为全国第一个野生稻保护区；1986年又与中国水稻所在原产地马岗山（庵家山）林场建立了第二个原位保护区，分为A、B两个原位保护位点，从而使东乡野生稻有了原位、异位的双重保护，对东乡野生稻的保护和利用起了积极的作用。但近20多年来，由于受到人类生产活动等因素的影响，东乡野生稻的原始群落和生态环境不断恶化。截至2000年，仅剩下3个群落，面积只有0.1公顷，处于濒危境地。东乡野生稻种质资源保护的严峻形势，引起了中央领导及江西地方政府和农业部的高度重视，进行了立专项并拨款扩大原始群落保护区的建设。目前，保护地已扩大为8.27公顷，并与当地签订了长期保护用地租约。

陈大洲等（2008）

我国野生稻资源极为丰富，根据1978—1982年的野生稻资源普查，中国的3种野生稻，即普通野生稻（*Oryza rufipogon*）、药用野生稻（*O.officinalis*）、疣粒野生稻（*O.meyeriana*）广泛地分布于我国东起广东饶平、西至云南盈江、南起海南、北至江西的137个县（市）。由于种种原因，到了1992年，这3种野生稻均被我国列为二级保护的渐危种，尤其是普通野生稻，资源破坏、损失严重，濒临灭绝的边缘。

野生稻资源在水稻育种中占有重要的地位。野生稻由于长期处于野生状态，经受了各种灾害和不良环境的自然选择，抗逆性较强，是天然的基因库，保持有栽培稻不具有或已经消失了的遗传基因，在水稻育种中具有独特的作用，是水稻育种和生物技术的重要资源基础。据统计，在野生稻中已鉴定出优良性状多达20余种，主要有：胞质雄性不育性，节间伸长能力强，早熟，优质大粒，大花药，长柱头，柱头外露率高，高蛋白含量，抗褐飞虱、白背飞虱、黑尾叶蝉、电光叶蝉、稻蓟马、螟虫、稻水蝇，抗草丛矮缩病、白叶枯病、稻瘟病、黄矮病、纹枯病、细菌性条斑病，耐旱、耐淹、耐寒、耐荫蔽、耐酸性土壤等。

据有关专家对野生稻的遗传多样性的比较研究发现，野生稻在演化成栽培稻过程中经过自然选择和人工选择，杂合度降低、等位基因数减少、遗传多样性明显下降。在44个基因位点中，栽培稻等位基因数目约占野生稻的二分之一。也就是说，在现存的野生稻基因中近一半的基因在驯化过程中丢失了。因此，发掘和

东乡野生稻（何露/摄）

利用野生稻中的优异基因具有极大的潜力。

东乡野生稻是栽培稻的始祖，是迄今为止发现的纬度最高，分布最靠北的野生稻，被誉为中国水稻种质资源"国宝"。根据研究，东乡野生稻具有抗寒、耐旱、耐瘠、抗虫（螟虫）、免疫矮缩病等丰富的"有利"抗逆基因。据江西省农科院长达10年的观察实验证明，东乡野生稻在-12.8℃环境下可忍受不死，生长最低温度的下限为世界罕见，它在10℃下萌发生长，较正常露地播种期提早约一个月。这些丰富的有利抗性基因，对于农业生产和水稻育种具有重要作用。

水稻野生资源处于自然生长状态，蕴藏着能抵御自然界各种生物逆境和非生物逆境等抗逆特性、优良农艺性状和丰富的遗传多样性，是水稻遗传改良的重要资源。目前的研究表明，东乡野生稻富集了众多优异特性，如高产、胞质不育、育性恢复、强分蘖等，同时还具有丰富的抗逆特性，如耐冷、抗病性及耐旱性等，这些都是栽培稻遗传改良极其珍稀的遗传资源。东野苗期耐冷性比耐冷的粳稻还高一个等级，把东野强耐冷基因导入栽培稻中，早稻提早播种无需农膜，也不会烂秧，晚稻抽穗延迟，也不怕寒露风，结实率不受影响，将大大促进水稻高产、稳产性。

此外，东乡野生稻的生长环境具有丰富的生物多样性，据调查，东乡野生稻原生境总计有高等植物206科478属891种。其中苔藓植物23科30属36种、蕨类植物23科30属42种、裸子植物有4科4属5种和被子植物156科394属808种，以被子植物数量最多，分布最广。这表明"东野"原生境不仅具有丰富的生物多样性，还具有大量宝贵的珍稀植物，因而东乡野生稻原生境生态保护对野生稻遗传多样性和其生物多样性保护都具有重要价值和意义。东乡野生稻由于长期处在野生状态，经受各种灾害和不良环境的自然选择，抗性和抗逆性较强，是天然的基因库，保持着栽培稻不具有或已经消失的遗传基因，充分利用其有利基因，扩大现有栽培稻品种的遗传基础，已引起了水稻育种学家的普遍关注。

与东乡野生稻一样，万年传统贡米也是重要的种质资源，它们共同丰富了水稻的基因多样性。万年贡米作为原始的栽培稻，也有专家认为是栽培的野生稻，是迄今为止人类保留下来较早的栽培稻之一，蕴藏着丰富的抗病虫、抗逆境的抗性基因及其它有利基因，特别是万年贡米的耐瘠性是其他栽培稻中不多见的。

万年贡米原产于万年县的裴梅镇荷桥村山区，具有不可移植性。由于贡米的种植需要冷泉水常年灌溉，因此稻田周围的山林所起的水土涵养作用至关重要。当地人对山林的保护也使得贡米生产系统与其周围的山林形成了生物多样性丰富的农林复合系统。同时由于贡米自身的抗虫性与耐瘠性，农民在种植贡米时不施化肥、农药，使得种植环境相对较好，利于生物多样性的保持。

万年贡米经测定，不返生，蛋白质含量25%以上，比普通大米高1~2倍，直链淀粉含量25%以上，且含丰富的B族维生素和一定数量的微量元素，具有中偏低的糊化温度，具有较高的胶稠度，具有一定的药膳功能。

万年仙人洞发现的古栽培稻、东乡野生稻和荷桥村贡米共同构成了野生稻到栽培的野生稻到具有野生稻特征的栽培稻这一人类驯化水稻的发展路线，中小学生的科普教育可引入对此的讲解，让他们了解和认识稻作文化历史与物种资源的重要性。

东乡野生稻原位保护区（何露/摄）

（二）自然本色，有机精品

在万年，贡米栽种在丘陵地区的垅田中。土壤富含有机质2.9%以上，水源中富含微量元素，且无污染。在耕种时不施用化学农药，进行生物防治，用土制灯诱杀，深沟灌水等环保方法除虫，所产大米属纯天然绿色食品。万年贡米米粒细长，形状如梭，质白如玉，蛋白质含量比普通米高数倍，含钙、铁、锌、维生素等多种人体所需营养素。煮后软而不黏，味美醇香，并具有一定的药膳功能。食用此米，在饱口福的同时，拥有健康体魄因此而成为中国绿色食品发展认证中心认证的A级绿色食品。

万年县的现代稻米生产加工时在原有稻米文化和种植经验基础上，对特种优质贡米，聘请顶尖级水稻专家具体指导，通过高新技术手段实施了对原贡米再生培育驯化。同时围绕绿色、环保、健康的理念，以高质化、高新化定位，在种植、管理等方面打破传统，不施化肥农药。现已开发的"万年贡"牌系列新品种有二十多个，并荣获"绿色食品标志""出口免检产品"证书及ISO9000-2国际质量体系认证。

有机水稻同常规水稻相比，具有较高的生态效益和环境效益，一是能有效地恢复和保持农田生态系统的生物多样性；二是能有效地减轻和降低农药、化肥等农用化学品的污染；三是可缩短土壤暴露于侵蚀力的时间，增加土壤生物多样性，减少养分损失，帮助保持和提高土壤生产率；四是改善土壤结构和水的渗透，增强土壤保持养分的能力，大大减少地下水被污染的风险；五是能够把碳截留在土壤中，有助于减轻温室效应。

众所周知，稻田是陆地上受人为干扰最大的间歇性人工湿地，也是最重要的内陆淡水生态系统，生物种群非常丰富。

据研究，不同类型稻田浮游动物的丰度与多样性指数均表现为有机稻田＞水沟＞常规稻田。显然，两种栽培制度下的稻田生态系统在浮游动物群落的组成、结构及多样性方面存在的差异十分显著，有机水稻栽培在保持和增加枝角类与桡足类浮游动物，尤其是桡足类浮游动物的种类、数量和生物多样性方面的效果，不仅显著优于常规水稻栽培，甚至还显著优于田头水沟，原因在于有机稻田为浮游动物提供的营养环境比常规稻田、田头水沟更为优越。由此推断，有机水稻栽培比常规水稻栽培具有更好的维系稻田水生生态系统平衡的作用和更好的改善稻田水生生态系统环境质量的作用，换句话说，有机水稻栽培下的稻田生态系统具有更高的稳定性、更高的抗干扰能力和更好的环境质量水平。

水稻害虫种类丰富，能取食水稻的害虫达620种以上。据联合国粮农组织（FAO）的估计，全世界的粮食每年因病虫害而损失三分之一，其中害虫危害至少占50%以上。有机农业的害虫防治，从农业生态系统整体功能出发，抓住作物—害虫—环境三者之间的关系，把害虫作为农田生态系统中的一个组成部分，分析系统中害虫与其他组分之间的相互关系和作用方式，通过增加物种丰富度，提高农田生态系统的稳定性与均匀度，充分发挥天敌的控制作用，避免或减少使用化学农药，达到有效、安全、持久地把害虫种群数量控制在经济阈值以下。

有机稻田以水稻为中心，土壤（水分、矿物营养等）、有益生物、有害生物等食物链网的各个组分发生不同程度的群落变迁，形成稻田有机农业生态系统雏形。调查结果显示，在不同生长时期有机稻田和常规稻田的害虫群落的优势种、优势度不完全相同。同时有机稻田的害虫的物种丰富度、多样性指数和均匀度指数普遍高于同期的常规稻田，表明在有机耕作条件下，群落结构合理、稳定，更有利于控制害虫种群的暴发。停止投入化肥、农药等对农田生态破坏强烈的物质和采取有机农业植物保护措施后，有益生物（害虫天敌）、有害生物（病、虫、草害）同步改变，寄生性、捕食性天敌群落壮大，有害生物群体得到控制，形成两者相对平衡的生态关系。

在有机耕种的稻田中，天敌资源得到了有效的保护和利用，天敌的生存和繁殖的生态环境得到了改善，天敌的自然控害作用也因此得到了增强。在恢复和保护害虫本地天敌的控制作用的基础上，通过创造有利于天敌而不利于害虫的田间小气候、天敌的助迁、天敌繁殖和释放，并结合农田栽培管理等其他各种生态调控措施，稻田害虫的持续控制将成为可能。通过研究不同耕作方式对稻田节肢动物群落在各生育期数量变化的影响，结果表明，有机耕作区、纯化肥区、常规耕作区各种节肢动物所占比例差异较大。有机耕作区害虫的发生量最少，天敌个体总数最多，天敌对害虫控制作用也最强，纯化肥区害虫发生量较多，而天敌数量仅为有机耕作区的14.1%；常规耕作区害虫总数最多，天敌个体总数最少，天敌对害虫的控制作用最弱。上述结果表明，表明实施有机耕作，有利于增强稻田自然天敌对害虫的控制作用。

2008年10月27日，来自联合国粮农组织驻华代表、项目官员和美国、日本、韩国、中国以及湖南杂交稻研究中心的著名水稻研究专家、学者50余人来到裴梅镇贡米原产地，现场考察万年贡米稻。专家、学者们在现场采集标本，研讨栽培稻与稻作农业的起源。

印度摄影家访问贡米原产地（赵德稳拍摄）

　　有机稻田对土壤养分蓄积也具有积极作用。土壤是有机农业基础，实行系统内肥源循环、肥料有机化，实施土壤培肥技术后，土壤养分含量达到高中级等级，为高氮高钾中磷型，土壤理化性状随之改善，从营养基础和活化性两个方面具备对作物营养需求的主动调控能力，重金属残留减少，初步形成肥沃健康的土壤。水稻产量经过转换期过程性减产后，很快在有机期得到恢复，并可持续增产。

四

淳朴厚重的
稻作文化

万年是"稻米之乡"，在长期的耕作实践中，逐步形成了农谚、歌谣、节令、传说等方面的具有地方特色的稻作文化，有着深厚的文化底蕴，成为民俗和人类生存发展史的一个缩影。

（一）农谚

几千年来，这里的劳动人民注意了草木荣枯、候鸟去来等自然现象同气候的关系，据以安排农事，约定俗成为稻作农业生产的谚语。它是万年稻作文化系统的不可缺少的组成部分，在从事稻作农业生产上起了积极重要的作用。它是随着农业的起源，生产经验的积累而逐渐产生的，是先人长期生产和生活经验的结晶，是珍贵的农业文化遗产。

万年历代农人"父诏其子，兄诏其弟"以口头传授农业生产、生活知识为载体，继承和发展古农谚，它简短、通俗、顺口，便于记颂和传播，深受民众的喜爱。20世纪八十年代，文化工作者从全县各地搜集与农耕文化相关的农谚近千条，其中稻作农谚180余条。这些农谚分为稻概说及土宜、整田、育秧、施肥、灌溉、除草、病虫害、倒伏、生育、收获等。从流传于万年的农事类的谚语里人们可以学习和掌握当地的"农事理论"和耕作习惯。比如："懵里懵懂，嵌社浸种""雷打惊蛰前，无水做秧田""清明前后，撒谷种豆""谷雨前，好种棉""大暑前三日割不得，大暑后三日割不出""七月半，借花看；八月半，捡一半（棉花）"。还有不少民谚，生动形象地阐述了工作、学习、生活中的道理，如："吃了元宵果，各人寻生活""走不完的路，读不完的书""栽禾看秧，娶亲看娘""过了七月半，洗澡爬不上岸"等。还有不少民谚语言流畅，很有韵律感，好似一首首民歌，如《一根线》："一根线，搭过河，河边鬼仂会栽禾：栽一棵，望一棵，望得禾黄娶老婆"，曲调明朗、欢快，旋律优美，生活气息浓，充分地体现出一种地方特色极浓的稻作文化。

《《 流传广泛的现存农谚 》》

吃了元宵果，各人寻生活。

先分后社，无米过夜；先社后分，米谷倒屯。

吃了端阳粽，寒衣高高送。

过了重阳无大节，一交雨来一交雪。

寡妇头上三把秆，走尽天下无人管。

宁可赛种田，不可赛过年。

早出三日顶一工，免得穷人落下风。

三年中个秀才，三年出不了一个作头（种田能手）。

低头求人，不如埋头求土。

穷无种，富无根。

春东夏西，打马送蓑衣。

乌云拦东，不是雨就是风。

朝生须，暮滴嗒；暮生须，晒脑壳。

雷打惊蛰前，无水做秧田。

立夏不下，高田莫耙。

小满不满，芒种不管。

芒种火烧天，夏至雨涟涟。

日头驾车长流水，月亮驾车海也干。

六月初一响一炮，七十二个风暴到。

小暑响了雷，重新做过霉。

公鸡高处啼，明日好天气。

春朦一朝晴，夏朦晴不成，秋朦日头晒死人。

两春隔一冬，十眼牛栏九眼空。

正月猪滚浆，一定要烂秧。

蛤蟆不开口，担谷烂三斗。

清明前后，撒谷种豆。

禾耘七道仓仓满，事锄三遍粒粒圆。

大暑前三日割不得，大暑后三日割不出。

七耕金，八耕银。

懒作田，勤换种。

进九莫种，出九莫壅。

芋头栽到墈，不壅都有吃

七长上（叶），八长下，当不得九月长一夜（芋头）。

七月半，借花看；八月半，捡一半（棉花）。

荞麦不通风，豆仂打灯笼。

六十日荞麦四十日雨，还要墈沟里没有水。

热伏淋秋，晚禾全收。

处暑离社（秋社）三十三，荞麦担断钱扁担。

隔冬赚钱，不如隔冬耕田。

十月雨水足，油菜籽胀破屋。

资料来源：《万年县志》

（二）民间艺术

稻菽卷起千重浪。万年自古至今，文风鼎盛，肥田沃土哺育出了许许多多的名家文人，也孕育出多姿多彩的稻作民间艺术文化。传统稻作文化活动有山歌、灯彩、戏剧、书法、曲艺和刺绣、纸扎工艺活动等，千百年来，她像滔滔江水，源远流长，汇集在祖国民族文化的大海之中，一直为人民群众所喜爱。

1 民歌

山悠悠，水悠悠，万年民间歌悠悠。曾有一首民歌写道：

> 你说我歌多不多，楼上关了三皮箩；
> 半夜老鼠咬破一个洞，漏了几千下江河。

这首民歌采用夸张的手法，极为幽默而形象地说明了万年的民歌之多。万年民歌种类繁多，按其声调可分为高腔山歌、平腔山歌，按农活种类可分为采茶歌、砍柴歌、放牛歌、耕禾歌，另外还有田歌、灯歌、号子、小调、风俗歌等近十种。这些山歌通俗易懂，多为农田劳作所唱，节奏规整，似说似唱，长于叙事，从不同侧面反映了群众的生产生活情况。她像一束鲜艳的花朵，纷呈着灿烂的色彩，散发着扑鼻的清香。如《耘禾山歌》《车水号子》《舂米号子》《十劝郎》《十绣荷包》《十月怀胎》《姑嫂观灯》《十杯酒》《探妹》《二姑娘思春》等等。下面是万年过去流行的一首劳作时所唱的平腔山歌《长工歌》，节奏规整、似说似唱，长于叙事，极具地方韵味：

> 日头公公快下山哎，我打长工实艰难哪，

一日三餐糙子饭哪，一片咸菜下三餐哪。

热天热得无笼钻，牛栏隔壁蚊虫伴。

鸡啼三遍叫天光，做到月光上山岗。

冷天冻得钻禾秆，磕破冰冻耙晚田。

大年三十闹洋洋，可怜长工苦断肠。

如今作田国家扶，免交公粮领补助。

农民日子蜜样甜，幸福生活万万年。

    这些稻作民歌，曲调明朗、欢快，旋律优美，生活气息浓，极具地方特色，是千百年来万年人生活的抒情诗，不少至今还在万年乡村、田野传唱。他们哼的小调，五花八门，什么内容的都有，高兴怎么唱就怎么唱。

    《十劝郎》的情歌，也是其中的精品：

一劝郎呀听分明，莫把小妹挂在心。

以往事情莫去想，想来想去烦死人。

二劝郎呀仔细听，燕子衔泥入新居。

燕子衔泥空费力，长大羽毛各自飞。

三劝郎呀是清明，劝郎回家讨个亲。

自己拿钱讨一个，合得意来随得心。

四劝郎呀走四方，劝郎回家栽禾秧。

多施肥料多得谷，五谷丰登装满仓。

五劝郎呀起得早，这山莫望那山高。

半年辛苦半年闲，世上只有作田好。

六劝郎呀莫打牌，赌博场上莫要来。

四边坐的亲朋友，个个都想发大财。

七劝郎呀莫贪花，贪花害苦后生家。

世上几多贪花汉，谁个贪花不败家。

八劝郎呀是中秋，夫妻相骂莫记仇。

白天同吃一锅饭，晚上共睡一枕头。

九劝郎呀是重阳，莫想隔壁三姑娘。

今日有钱今日好，明日无钱各一方。

十劝郎呀劝得多，句句话儿劝情哥。

切莫当作耳边风，桩桩件件记心窝。

　　万年还有不少地方流传着哭嫁的古老习俗，哭嫁歌以前在万年流传甚广。一般是新娘在出嫁前的四十天，母亲守着女儿哭嫁，边哭边唱，唱腔抑扬顿挫，跌宕起伏，唱词是现编的，却也押韵一直哭到新娘上轿为止。民间百姓长此以往，便形成了一种新的民歌形式——哭嫁歌。《哭嫁歌》唱词绝不会重复，词汇之丰富，旋律之优美，令人叹为观止。如下面一首《十杯酒》的哭嫁歌

……

三杯酒呀三杯敬，儿到婆家要小心，

敬重公婆天样大，敬重丈夫海样深，

敬重前代有后代，后代儿孙一样亲，

不信但看檐前水，点点落地不差分。

四杯酒呀四杯敬，丈夫打你莫做声，

夫妻吵架常有事，姐妹之间要平等，

一日夫妻百日恩，百日夫妻海样深，

夫妻好比同林鸟，相亲相爱最要紧。

五杯酒呀五杯敬，妯娌和顺家不分，

大小事情要仔细，忍气吞声少事情，

有事商量莫相骂，家不和顺外人欺，

错事路上回头走，披头散发莫出门。

……

《哭嫁歌》集中反映了万年当地文化特点，有着文艺、民俗、历史等多种研究价值，是万年传统的民间艺术瑰宝，是优秀的人类珍贵文化遗产。

除了上述的民歌、民谣外，当地还有许多文人墨客留下的文学作品，旧志"文征"载有奏疏、部覆、檄、格言、文告、序、记、传、颂、赞、诗、赋、策、议、论、说、辨、疏、引、启、跋、志铭等22种，文163篇，诗赋233首。

❷ 灯彩

万年灯彩实为灯舞，民间俗称"打灯"。相传万年民间灯彩始于西汉，以后历代流传，并且不断改进、创新，从而形式多样，风采各异，有龙灯、花灯、狮子灯、罗汉灯、蚌壳灯、竹马灯、高脚灯等。灯彩活动期间，为每年正月十三至十六，活动高潮时间为十五，其中花灯可闹至花朝（二月十二）。

龙灯。万年素以舞龙灯著名，万年灯彩，融舞于灯，灯舞一体，形式多样，种类繁多，有"滚龙灯"、"跳脚龙灯"、"板龙灯"、"草龙灯"等，而尤以"跳脚龙灯"最为群众喜爱。"跳脚龙灯"早在唐代就流行于市井乡里，龙灯以竹木做骨架，以竹篾扎成龙头、龙尾，表面蒙上红菱，贴上剪好的鳞片，用颜色绘出龙形，用红布连成龙被，龙被系在一只圆形竹篓上，竹篓绑在一根长约1尺2寸的木棍上，表演者手操木棍而舞。一组龙灯在龙头、龙尾各1人，龙身5至7人，宝灯2人，按传统曲牌往返交织，变化舞跳。万年县组织的"跳脚龙灯"在1984年参加上饶地区举办的民间歌舞调演时曾获一等奖。

狮子灯。又叫狮子舞，是结合了武术的民间舞蹈，一般由2人扮狮子，另一人扮武士，持彩球逗引。在表演上分"文狮"、"武狮"两种。文狮表演狮子温驯神态，有搔痒、舔毛、打滚、抖毛等动作；武狮表演狮子性格勇猛、暴躁，有跳跃、跌扑、登高、腾转、踩球等动作。狮灯多伴以棍、刀、枪、剑、鞭、铜等武术表演，所以，有半套武术班之称。此灯至今流行，苏桥、垱下、汪家等地尤盛。

蚌壳灯。也称蚌壳舞。舞时由一人身背由竹篾、布帛做成的蚌壳，扮成蚌壳精，另一人扮渔夫，表演渔夫捉蚌；或另添一人扮鹬，3人表演"鹬蚌相争、渔翁得利"。此灯于青云、石镇尤为流行。

竹马灯。也称跑竹马。竹马多以竹篾扎成骨架，用纸糊或用布蒙上，分前后两节系在舞者腰间，如骑马状。舞时表演骑马、徐行、疾驶、奔腾或跳跃，动作洒脱活泼，热烈奔放。主要流传在东南乡一带。

花灯。又称采花灯，多为2人表演，也时有3人。表演者边舞边唱地方小调，如《孟姜女》、《卖油郎》。

台角。意为舞台角色，只扮形象，不演不唱，是万年唯一无舞的灯彩如《断桥会》扮许仙和白娘子，《牡丹对药》扮牡丹和吕洞宾。每组台角3到5人，1人扮台角，或立或坐于八仙桌上，另2到4人以杠棒抬桌前行。台角多在重大喜庆或重大灾疫时扮。

❸ 戏剧

万年戏剧曾有过三脚班、木偶戏班、同春舞台、县赣剧团和太子班、农村业余剧团等多个专业剧团和业余剧团，编演的剧目多种多样，深受群众欢迎。至今大源镇还保存着古老完整的戏台——万年台，让人浮想联翩。

赣剧。万年赣剧的表演风格古朴厚实，亲切逼真。口白以中州韵为基础。行当分老生、正生、小生、老旦、正旦、小旦、大花、二花、三花，称为"九龙头"。赣剧的腔调有【高腔】、【二凡】、【西皮】、【文南词】、【秦腔】、【老拨子】、【浙调】、【浦江调】、【昆曲】、【梆子】等。毛泽东主席、周恩来总理曾以"美、秀、娇、甜"四字赞美赣剧。

三脚班。三脚班起源于明末清初的民间灯戏。起初由一旦一末组成，俗称对子戏，后增加小生成为三脚班。明清时期在农村广泛流传。三脚班演出剧目主要有民间爱情故事和日常生活琐事，如《菜刀记》、《山伯放友》、《采桑》、《王婆骂鸡》等。

木偶戏班。木偶戏又称傀儡戏，分提线木偶、仗头木偶、布袋木偶、铁丝木偶4种。该戏由5人组成，3人台前牵线9~14根，演唱生、旦、净、丑、末，另外2人司鼓和文台。均唱饶河调，形象与赣剧角色一样，剧目亦同。但多为小折子戏，从艺人员多才多艺，且有操纵木偶的技巧。

串堂锣鼓。又叫串堂班，是当地流行的一种曲艺形式。它不仅演奏打击乐，还常伴以管弦乐说唱戏言，唱腔多以昆曲、高腔为主，也唱采茶调，后受饶河调的影响，遂以赣剧皮黄为主要唱腔。据《万年县志》（康熙版）载，明、清年间，串堂班这种民间艺术在万年已广泛流行，故有"村野处处丝竹之间不绝于耳"之说。

❹ 手工艺

刺绣。作为万年民间一种传统工艺，早在汉代就在乡村流传，其历史可与苏绣、湘绣、蜀绣、广绣四大民绣比肩。技法有挑花、锁丝、纳丝、纳棉、错棉、错针等十几种。万年民间刺绣工艺品以小件为主，枕套、台布、坎肩、围兜、童帽、鞋面、鞋垫……花鸟草虫刺绣其上，无不活灵活现，栩栩如生。面料为绸缎或各色棉布，线料多为五彩丝线，伴以镶嵌边沿的金银线。作品色调清新明快，构图古朴大方，既有鲜明的民族特色，又有浓郁的乡土气息。至今，有些地方大姑娘出嫁仍以刺绣品做嫁妆。大源镇"荷溪农家"的民间刺绣展的作品深得游客和各界人士的青睐。

纸扎。多以竹篾为骨架，内填稻草、纸屑、布头等物，外糊各色纸张，伴以剪纸点缀。若扎成人、神形象，则以泥塑其头面手足并彩绘之。纸扎艺术品虽多，但大多为丧事服务。清末民初，大凡家境稍宽者，每遇丧葬，必扎纸人、纸马、灵鹤、灵屋、灵车、花圈，祭奠亡灵，寄托哀思。纸扎品各类繁多，麒麟龙凤、飞禽走兽、人神鬼怪、花鸟虫鱼、日常用品等无所不包，且形神兼备，栩栩如生，堪称乡间一奇。

❺ 书法

万年是一方钟灵毓秀的胜地，一座人文鼎盛的城市，特别是在书画艺术上人才济济。早在南宋时期就出现了王刚中、柴元裕、曹建、柴中行、饶鲁、李伯玉、李思衍等一大批著名的理学家、书法家。南宋吏部郎官柴中行著的《书法传》尽叙书法之道，后世流传。明朝大理寺左少卿胡闰，书作俱佳，他题写的学堂、祠堂、忠烈坊的牌匾苍劲、清秀，为世人敬仰。

清朝王朝翰、王朝榘、王朝瑞三兄弟，均为进士出身，书画造诣颇深，为世人崇之。民国时期，书法名家饶继斗、施廷真，所书风格遒劲，章法严谨，为世人所称赞。建国后，万年的书画事业更加上了一个新台阶。先后成立了万年县书画家协会、万年县美术家协会、万年县书画"三会"。到目前为止，共有会员280余名，有国家书协会员3名、省书协会员6名、市书协会员20名，举办群众书法活动极为活跃，共举办书画展览百余场次，书法作品多次在全国、省、市展出，受到观众好评。

≪≪ 主要诗歌作品存目：≫≫

宋

五言古诗（13首）	胡如埙　等著
七言古诗（16首）	饶　鲁　等著
五言律诗（20首）	黎廷瑞　等著
七　　绝（40首）	吴新伯　等著
七　　律（90首）	柴元裕　等著
远浦棹歌	饶　鲁　著
春水鄱湖	饶　鲁　著
和菽水歌	饶　鲁　著

元

| 鬻孙谣 | 李思衍　著 |
| 五节妇歌 | 范　樟　著 |

明

| 招抚万年县新民太平词 | 陈　金　著 |
| 激顽歌 | 王　绪　著 |

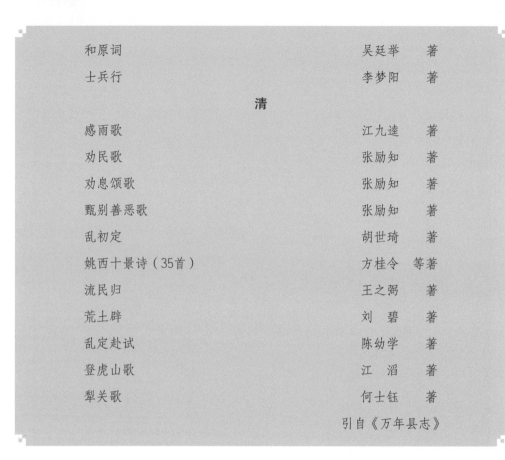

和原词　　　　　　　　　　　　　吴廷举　著

士兵行　　　　　　　　　　　　　李梦阳　著

清

感雨歌　　　　　　　　　　　　　江九逵　著

劝民歌　　　　　　　　　　　　　张励知　著

劝息颂歌　　　　　　　　　　　　张励知　著

甄别善恶歌　　　　　　　　　　　张励知　著

乱初定　　　　　　　　　　　　　胡世琦　著

姚西十景诗（35首）　　　　　　　方桂令　等著

流民归　　　　　　　　　　　　　王之弼　著

荒土辟　　　　　　　　　　　　　刘碧　著

乱定赴试　　　　　　　　　　　　陈幼学　著

登虎山歌　　　　　　　　　　　　江滔　著

犁关歌　　　　　　　　　　　　　何士钰　著

引自《万年县志》

（三）民间传说

民间传说在当地不仅仅作为一种艺术形式存在，更是当地农耕历史的重要载体，它所讲述的不仅仅是当地过往的事件，更反映了当地古老居民的生存繁衍和文化传承之道。

《风雨同食——万年吊桶环 先民公平交易食物的故事》

"公平交易，互通有无"，这并不只是当代人的理念，相传远在1.8万年前的万年县吊桶环的先人们就有这种观念。

距今1.8万年前，在现今万年县大源盆地的吊桶环崖棚之下，生活栖息着上千个由猿演变过来的万年先民。

先民们之所以选择栖息吊桶环，一是因为这里附近山上经常野兽出没，方便到处狩猎，二是山上鲜果很多，可以随意采摘，同时还可以采摘到剥开谷壳可以食用的东西——野生稻。因此，吊桶环既成了动物屠宰场，又成了食品集结地，有时还成了临时晒谷场。

此时，居住在吊桶环的上千个先民组成了一个部落。当时是母系社会，吊桶环部落长当然由女性担任。这一年，大家推选了一位泼辣好动，聪慧能干，办事果断的年约40岁的中年女子担任部落长。那时的人还没有名字，但大家心领神会，用手语称她为"慧姐"了。

每天见到大家捕杀到那么多的动物，采摘到那么多的食品，慧姐心里高兴，但是如何让吊桶环上千名居民能做到互通有无呢？这成了慧姐这些日子一直考虑的问题。因为她意识到假如这个问题一旦解决不了的话，一来部分人因消化不了手中的食物造成浪费，二来想吃其他东西的人又满足不了自己的欲望。为此，慧姐组织众人商议，她用手语告诉大家："各位乡亲，我们都是吊桶环的居民，好歹是一家人。这样吧，为了大家都能满足自己在食物上的要求，我们来个互通有无好吗？大家捕杀来的动物，采摘到的鲜果，野生稻，我们都拿到这里进行交易，公平买卖。在这个过程中我希望大家和和气气，自愿交易，老少无欺好吗？"

慧姐的这番话，在所有吊桶环先民中引起了强烈的共鸣，众人欢呼："好啊！"

新的一天开始了，先民们进入深山开始了一天的食物采购，他们有的打猎，有的采摘鲜果，有的找野生稻谷。年轻力壮的男士则在深山狩猎，面对豺狼虎豹他们一点也不害怕，假如一个人不行就与两三个人结伴，遇到更凶恶的野兽则几十人一起"攻关"。年纪大的妇女或小孩则在山上采摘野果，由于他们各自都能根据自己的能力特点寻找食物，这样到了夕阳西下的时候，先人们都能怀着丰收的喜悦，带着猎物和野果回到了吊桶环。对于捕获到未死的动物，慧姐让猎手们一块对其进行宰杀，一天七八个男子抬来了一只凶恶的虎，老虎张开大口怒吼，一下子很难征服，正当老虎挣扎着逃离出去的时候，慧姐发动上百个男猎手用尖石，棍棒等一起将老虎杀死了。

一个秋天的傍晚，大家外出采食刚回来，老天就下起了大雨，刮起了大风，但这并未影响大家的丰收的喜悦情绪，大家开始了一天一次的食品交易。公平交易开始了，为了确保交易工作顺利运转，慧姐除了自己深入现场督促检查外，还让自己心爱的男人——那个不大说话，但力大如牛，智慧高超的，我们为其取名为"大牛"的男子带着几十来个人担任"交易管理员"。由于他们不时地在现场指导，吊桶环的公平交易呈现出和谐公平的好势头。

"我把这只野牛换你的一头野猪好吗？""我这只野狗和你一只野羊一样值钱，我们通个有无好吗？""我这把核桃换你一把板栗如何……"在公平交易现场，我们吊桶环的先人们脸上都是带着微笑，表现得相当客气礼貌，在整个交易过程中，从未出现大声吵闹和强买强卖的行为。

　　打猎和采摘鲜果需要半天或一天的时间，但现场交易的时候却显得很短，最多时一个小时，有时才几十分钟甚至几分钟便可完成交易工作任务。交易工作结束时，先人们将自己互相之间兑换来的东西抬回自己的住处，开始用火烤着吃，或直接食用生的食物。瞧他们吃得多甜！有不少相爱的男女将自己兑换来的东西送给对方，表达他们爱恋对方的情意。看，慧姐和大牛就是他们中最杰出的代表。慧姐白天打了一只鹿，但她这些日子吃鹿吃腻了，她想吃一下野兔，她深知深爱的大牛也爱吃野兔，便将鹿换成野兔送给了大牛。而大牛也早心领神会，他深知慧姐爱吃野鸭，便将自己打来的穿山甲同别人换了只野鸭给了慧姐。对此，慧姐和大牛都不约而同地说："看来我们是心有灵犀一点通了。"

　　在吊桶环，年老的男女由于力气不大，只能做些采摘蘑菇，野果之类的活。但到了食物交易的时候，处于原始社会的吊桶环先人们却能发扬风格，将捕杀来的动物"廉价"和老人们兑换。老人们见此情景，更加感受到部落人与人之间的温暖。一位名叫大火的青年男子，把一位叫春娘的老大娘视为母亲，一天大火从外地找到了一大堆野生稻谷，他把那些湿漉漉的野生稻谷放在吊桶环一角晾晒。谷子晒干后，大火又用石块将谷壳去掉，尔后用火烧熟，大火闻到那扑鼻的米饭香味，他顾不了自己想吃，而是拿着香喷喷的米饭和春娘兑换一把不值钱的野菜。对此春娘感动地说："大火，这样交易你不觉得吃亏吗？"大火笑着说："娘，我从小不知亲娘是谁，是您带大了我，这权当我孝敬您老人家啊！"春娘高兴地打量着这个小伙子："大火，我的几个亲生儿女都让野兽吃了。在娘的眼里，你早就成了我的亲生儿子。"由此可见，在吊桶环交易现场，不仅可以看出先人们的互相谦让精神，还体现了人与人之间和谐相处的一种亲情，这浓浓的亲情是我们中华民族的传统美德，至今薪火相传。

　　岁月如水，一年一年过去了，吊桶环的先人们通过刻符记事，在这里唱响了中华民族最初的食物和谐交易的最强音。他们在吊桶环共同抵御的自然灾害，共同寻找食用的东西，互通有无，写下了中华文明史上最初最动人的和谐交易篇章。

　　进入20世纪90年代，中美考古专家来到吊桶环考古，发掘了不少兽骨，并用史实证明吊桶环远古时期便是一个天然的屠宰场和食物交易场所。"民以食为天"，古代吊桶环先民用朴素的言行告诉后人，他们是如何觅食又是如何公平交易的，至今对我们后人，仍有深刻的值得品味的人生启迪。

资料来源：《稻花香里说万年——江西省万年县稻作文化风采录》

绝处逢生——远古万年先民从吊桶环迁往仙人洞的生活故事

1.7万年前，在现今万年县大源盆地的吊桶环崖棚之下，生活着一群原始人，为首的是一位如今看上去50多岁其实不到30岁的女人——那时的古人都还没有名字，这个女人喜欢用一种野生的树叶擦自己的身子，以驱赶蚊虫，就把她叫作"叶子"吧！

叶子所在吊桶环古人时代，正处于旧石器时代晚期，大源盆地当时为一个沼泽地带，仙人洞洞口几乎常年淹没在水中。那时，人类历史正处于次冰期之末，地球环境从最冷逐渐向变暖演变。大自然给古人类带来较好的生活环境；山坡上森林茂盛，野兽出没其中，坡下河流蜿蜒，杂树丛生的沼泽粼粼泛光。森林中生长着各种植物，有取之不尽的果实、嫩叶、花蕾和根茎，这些都是古万年人可用的食物来源。那些动物，同时也成为人类狩猎的对象。河流和沼泽里，则有着数不尽的河蚌和鱼虾。采集和狩猎不仅是古人生活必需，而且成为他们生活的乐趣，他们还将采集到的东西以及捕获到的动物在吊桶环进行互补平等交易，部落之间、人与人之间在交易时表现得十分和谐。

春天，大地坡上了绿装，树枝上的嫩叶和花蕾，便成了人们采集的对象。到了秋天，林中的果实红了、熟了，地上的瓜果野菜也都散发着芬芳，这是古人采集活动的大好季节。进了寒冬，人们三五成群地用木棒，或尖型石器撬开冻土，寻找着可食的植物根茎。

采集多半是女人做的事。而狩猎活动可以为人们提供肉食，同时狩猎更需要强壮身体，因而成了男人的主要工作。当时，人们主要用石块，木棒围堵一些弱小的动物，对于一些大的和凶猛的野兽，如剑齿虎、豹、梅氏犀牛等等，往往望而却步，退避三舍。但由于对兽皮的渴望，有时也依靠着集体的力量和智慧猎取它们。偶尔成功了，但有时却牺牲惨重，叶子的儿子果果就死在一次与虎的搏斗之中。那只凶猛的剑齿虎虽然最后被叶子（这是唯一一次女人出面的狩猎）率领部落的男人们用石器和火棒相逼而摔死在岩下，但叶子每每看到那张被剥下的剑齿虎皮，仍会伤感不已。

吊桶环的古万年人早已认识了火，并且会用火。早先，人们看到天空中的电闪雷鸣，或野火燃烧时，会惊恐万状，迅速逃离。后来，人们逐渐认识了火的性能，知道火不但能给人类带来光明和温暖，而且能增强人类御寒、驱逐野兽的能力。而且有了火，可以熟食，再不像从前那样"茹毛饮血"了。熟食使人类更加有了口味，而且减少了疾病，增强了体质。火是很珍贵的，吊桶环内常年留着火种，而且火即使熄灭了，古万年人也知道人工取火。他们采用的是"钻燧取火"的方法，即两块燧石撞击产生火花，引燃干燥的树枝、树叶或晒干了的野草，同时也采取钻木，摩擦等方法取火。两万年之后的考古发掘中，考古学者在吊桶环底层所发掘的六个自然层中，均发现相关的烧火遗迹。

叶子和她率领的吊桶环人已经能使用简单的劳动工具，开始采用磨制和钻孔技术来制造石器和骨器，更多的时候他们使用硬锤和砸击技术来使岩石制片。考古学家在吊桶环下层发现古人的石器之中，有边刮器、端刮器、凹缺刮器，普遍带有较明显的打击点、半锥体、放射线和波浪纹的痕迹。骨器和角器中有一把角斧，是利用鹿角加工而成的，不仅有把手，而且下端刮削出双面刃，磨制很是细致。吊桶层中层（20 000年左右）更开始出现了大型石器，尤其用动物骨骼制成的骨鱼叉相当精致，有着七处倒鱼钩，看上去能叉十几斤重的大鱼。此外，还出现了较大的穿孔蚌器，刃口锋利，就像一把刀刃，分割动物一点也不成问题。遗址中还有大量的鱼类骨骼，说明他们不仅能狩猎，而且也是捕鱼抓虾的能手。

后来，叶子和她的部落还将采集到的野生稻子在此晒干，尔后去掉外壳，找出内中的米粒来吃，或用来煮成饭食用，因此吊桶环又成了万年先民的晒谷场。

此时古人发明了骨针，已能用兽皮、树皮和树叶缝制成简单的衣服，当然，这些简单的衣服仅仅用来遮羞，还谈不上御寒，在那寒冷的冬天，古人们都团团围在火边取暖。火，对于他们，比什么都重要。

是的，在两万年前，吊桶环的古人就这样生活着：狩猎、打鱼、防御野兽，制作工具，间或出外与其他部落的情人相会……一天又一天。但在一个寒冬腊月的风雪之夜，他们的厄运来临了。

暴风雪肆虐了七天七夜，厚厚的积雪似乎把人都可以陷进去。天茫茫，地茫茫，野外一片白色，成了一个冰雪的世界。寒风呼啸着，冰冷刺骨。

吊桶环原本不是一个岩穴，只是一座天桥般的岩棚，岩棚此时也被雪压倒了，卷进的雪花已经把所有的火种都熄灭了，用于烧火的木头、树叶也都湿潮潮的。人们挤成一团，用差不多冻僵的身体紧挨着互相取暖。可惜的是，所有残留的食物都已吃光用尽，大家挨冻受饿，饥寒交迫，身体弱的和年纪稍大的人都已奄奄一息，剩下的活人眼巴巴地望着叶子，期待着自己的女头领能带给他们一丝温暖或一线希望。

叶子抱着自己最小的女儿冬菇，冬菇出生才七个月，小脸冻着通红，人却在发烧发烫，看上去病得厉害。叶子不敢去看冬菇，她知道，冬菇恐怕活不下去了。她心里更明白，再不想个法子，所有的人都得冻死、饿死。可她又有什么法子呢？

叶子目光呆呆的，越来越暗淡。其实，她脑海却像一部开足马力的机器，在急速地运转着。叶子是个好强的女人，也是个聪明的女人，正是靠着这份聪明机智和强悍，她才充任了部落的首领，多少回部落陷入了危机，都是她力挽狂澜才转危为安。但此次暴风雪非同小可，能安全地渡过灾难吗？叶子闭上了眼睛，心里乞求着苍天，但她明白，此时的上天恐怕也已经无能为力。

叶子就这么胡思乱想着，其实她内心仍存着一线光亮，心里头在盼望一个人，一个叫阳阳的男孩，也是部落里最勇敢最机敏的男孩。突然，她感受到一阵冰冷的风刮到自己的身边，艰难地转身一望，原来是一个被冰雪裹住的人。叶子嘴边动了动，她在叫"阳阳"，真的是阳阳来了。阳阳向她点点头。叶子脑子电光般一闪，这才反应过来——是啊，阳阳是她昨天派出去的。她记得从前出外采集果实，在离吊桶环很近的地方看到过一个黑黝黝的山洞，当时想，里边一定很大，很开阔，可惜洞口有水进不去，不然的话，那里面一定会比现在这个地方安全得多，至少也能避避风雪.但那个洞现在怎么样，洞口可是有水？洞里面的水是不是退了？前不久她感觉水退了一些，但并不抱什么希望。现在阳阳回来了。"水，水？"叶子急迫地问，只见阳阳很快地点着头，并且用手比势说明水已经退了。叶子眼泪出来了，她笑了，她完全记起来了，当时她看曾派阳阳他们涉水到洞里边看过一下，阳阳说洞内有水，但不深。她考虑吊桶环不好藏食物，还让阳阳他们运了一些植物果实和块茎到洞野去，为的是以防万一。但暴风雪一来，脑子全乱了，把这事差点给忘了。仙人洞的水真的退了，这真是绝处逢生——老天赐的一条生路啊！

叶子站了起来，她心里镇定了许多，她知道，孩子有救了，部落也有救了，如今需要的是把所有部族的人安安全全地转移到那洞穴里去，风雪怕什么？！那洞穴离这里不远啊！大家手牵手，用不了半天就能到达目的地。只要进了洞，那里面藏着稻谷等食物，有吃的，能避雪挡风，还藏有干燥树叶和燧石，只要把火点着，再大的风雪也奈何不了他们！

于是，叶子面带微笑，镇定地向部族发布命令，全体吊桶环人马上出发，目标——右前方的那个洞穴。

在那个可怕的暴风雪之夜，叶子和她的部落终于成功地逃离吊桶环迁移到了仙人洞。古万年人总算有了遮风挡雨之处，过上了比较稳定的岩穴生活。此后年老的叶子回忆起这段惊心动魄的往事时往往肉跳心惊，她想，部族人能够逃出吊桶环那个死亡之窟实在是上天神的意志，要不是神，有什么力量能使仙人洞口的水恰恰在那关键时刻退了呢？

叶子不知道，也不可能知道，她和她的族人之所以活命完全是碰上好运气，或者说是一种可遇而不可求的历史机遇——两万年前随着大自然末次冰期时期的结束，天气在逐渐变暖，大源盆地的沼泽的水也不断蒸发，从而变得干燥起来，这样，比盆地稍高的仙人洞内的水流进了无垠的大海！如今仙人洞的岩壁上所缀满的贝壳和海螺壳就是大海残留痕迹的证明。

两万年后，考古队前来考察，才发现了叶子他们所转移的新洞穴，这洞穴后来有了名字，叫仙人洞。

古万年人的生活就这样掀起了新的一页了！

资料来源：《稻花香里说万年——江西省万年县稻作文化风采录》

《稻穗之光——万年先人发现人类第一粒野生稻的故事》

种子，人类智慧的结果，

种子，人类艺术的结晶；

一粒种子改变了世界，

谁掌握了种子，

谁就有可能占有未来！

——我国著名农业专家佟屏亚

其实，1.4万年以前，远古居住在吊桶环和仙人洞的万年先民已经在田野中发现并注意到一种带穗的野生植物了。这种植物会抽穗，每支穗缀着数十粒小小的果实，成熟时果粒很饱满，呈金黄色，极易脱落，试着用牙齿一咬，果粒中白色的浆水散发芬香，味道挺不错的，于是，在果实成熟的秋天，仙人洞先民们用手捞了一些这种野生果粒，运回洞中，有事没事捞一把咬上几口，至于用石片研磨，然后用陶器蒸煮而食，则是以后发生的事情了。

这种植物就是野生稻，这金黄色的果实就是人所皆知的稻谷。

野生稻的生长地区应该说很广袤，中国长江流域以及其以南，亚洲的大部乃至世界热带亚热带地区，都有适应野生稻的繁衍和生长的条件，但从野生稻走向驯化稻，迈出这一步却非常不容易。人们常说，第一个吃螃蟹的人真伟大，其实，第一个种植水稻的人才真正伟大，那是史无前例的伟大！

仙人洞野生稻的驯化和一场山火有关。

古人类遇到灾难是很多的，如火山爆发，地震、水灾、风灾、暴风雪等等。在古人眼里，最可怕的莫过于火灾了，一旦森林中大火燃烧，风助火威，往往速度极快，人类根本无处可逃；而且大自然的火灾也比较频繁，在干燥的高温炎热季节，任何雷击电闪，都有可能引发一场大火，古人对于山火吃的亏太多了，记忆犹新啊！

山火不仅会伤害人类本身，而且也使野兽飞鸟丧身其中。一场大火烧尽，大地似乎丧失了一切生机，动物消匿了，林木不见了，古人没有了食物的来源，真是叫天天不应，喊地地不灵，欲哭无泪呀！

距今12 000年前的一个赤日炎炎的夏天，仙人洞正是碰到这么一场猛烈的山火，周围森林被烧成白茫茫的一片平地。灾难的到来，让所有幸存的人措手不及，都吓坏了：这怎么得了啊，我们吃什么啊？往后的日子可怎么过？！一个个哭天抢地，痛苦万分。

但有个人却不一样，镇静得很。她是一个女人，一个年轻的女人，后来她发明了水稻的种植，我们就叫她"明月"吧——为什么这故事里面出现的都是女人呢？因为这是古代母系氏族社会，男人没有发言权，只有女人才有无上的权威！

明月对大家说："哭又有什么用，得想办法活下去，森林烧了，地下不是还有烧不尽的植物茎块嘛，我们可以挖来食用啊，那些被大火烧死的野兽，也可以背回家留着慢慢吃，老天给我们烧熟了，还可以省下柴火呢，不吃白不吃啊！只要想办法，死不了人的。"明月这么一说，大家静下心想想一点不错，也就不哭了，听从明月的指挥到野外干活了。这时明月又发现一个奇怪的现象，大火之后，下起了大雨。雨过天晴，那被大火焚烧的原野，竟冒出一些植物的嫩芽，仔细一看，根茎上竟系着一片小小的谷壳。她想，这不是以前采集的那些颗粒吗，原来它是这样发芽生长的呀！此时她脑海突然电光一闪——什么叫电光一闪？就是人有时突然产生的联想或灵念，这就是人类独有的聪明和智慧——那些野生稻如同狗尾巴草东一把西一把的采摘多难啊！再说也不是到处都有，如果自己能种植不是更好吗，种植越多收获越多，这东西也比较好在山洞里贮藏，那我们就不愁没有食物过冬了，这猪呀鸡呀也不会没有吃的了。这么一转念，可就不得了，她自己想着想着都乐了。明月这个女人性子有点急，说干就干，赶紧让人把仙人洞剩下的那些颗粒拿来，马上用手和树枝拉着埋进雨后不久仍很潮湿的地里面。

天哪！过了不久，种了稻谷的地上果然冒出了齐崭崭一片碧绿的新苗。由于是山火烧过的土地，杂草不多，也比较肥沃，加上这年雨水特别地丰润，禾苗长势很好，不久便结出了累累的金色稻穗——人类第一次试种的稻谷竟然获得了成功！

两次的中美农业考古合作发掘的成果报告写得清清楚楚，在考古发掘中的惊人发现，就是通过对所采标本的孢粉和植硅石分析研究，在吊桶环和仙人洞新石器时代早期即距今12 000年的地层中发现人工栽培稻植硅石。科学家认定，它是现今已知世界上年代最早的栽培稻遗存之一。

栽培稻的产生意味着什么？意味着原始农业的出现，意味着人类农业文明的诞生，仙人洞古人所种的这一粒谷子从而成为人类文明史上最为灿烂的一缕霞光！

科学家指出，原始农业的出现和古代人类的定居生活及畜牧业的产生是有着极为密切的联系的。一般来说，农业的起源大体需要这样几方面的因素：即磨制石器的出现、动物的驯化、定居地的出现、陶器的产生、人口的明显增长等。而万年仙人洞和吊桶环的远古人类恰恰完全符合以上几个基本条件，那么，种植稻谷对于她们只是迟早的事，或许正是由于明月的坚韧不屈和智慧超群，才使得她揭开了人类农业文明黎明的序幕，成为世界稻谷的第一个种植者。

人类社会的发展，离不开农业。然而原始农业到底是怎样产生的，至今仍是个令人扑朔迷离的问题，也可以说，是世界之谜。

很多民族对此都有美好的传说。据中国史籍记载，说是神农氏教会了民众种植五谷。

如果说，仙人洞、吊桶环浓墨重彩是历史长河的一道最为绚丽而炫目的彩虹，给我们心灵以震撼和激荡，那么，古万年人用勤劳智慧的双手创造出人类的神话，则使世界感受到了万年历史的厚重。

是的，人们不禁要问：为什么在万年这片古老而神秘的土地上，会有这么多的奇迹出现？从猿到人，人类进化了千万年，同时也摸索了千万年，陶器的产生是呼之欲出，然而千呼万唤，最后竟然在一个看上去并不起眼的仙人洞里现身。人类社会的发展，当然离不开农业，关于农业的起源，吸引住了全世界关注的目光，在西亚，人们发现了两河流域以及约旦河谷的耶利歌遗址为代表的原始农业初期遗存，在美洲，也有着墨西哥高原上的特瓦坎遗址为代表的原始农业初期遗存等。然而，作为世界古代文明发祥地之一的中国，素以农业大国和农业文明于世的中国，很长一段时期，竟没有原始农业产生阶段的遗址发现，这是多么让人遗憾。可又在万年，平地响起一声惊雷，考古学家郑重宣告，万年仙人洞是驯化稻谷起源之地！这不仅仅填补了关于中国农业文明以及农业起源的空白，而且联结了华夏文明发展的历史纽带，从而揭开了中华文明的新篇章！这是多少地不可思议啊！万年，又一次让世人刮目相看。

其实，万年之谜还有很多、很多……

如在仙人洞和吊桶环，考古学家发现古人类一万年前就在他们所制造的骨器、角器、石器及陶片的口沿上刻有若干符号，这种符号长短不等，形态不一，有些像笔划，有的酷似阿拉伯文字。刻这种符号干什么，有什么用意，表达什么理念？我们不清楚。据研究分析，这种符号很有可能是远古万年人用于记数和记事的，那么说，这种刻符或许就是中国原始文字最初萌芽！

还有，在旧石器和新石器的交替时期，仙人洞和吊桶环存在着大量的精美蚌器，这些以蚌壳制成的器具既大且厚，经磨制穿孔后成为锋利的刀刃。考古学家还发现，仙人洞的古人正是用双孔带齿蚌镰收割水稻的，这种蚌镰其实也就是现在的镰刀的前身。

资料来源：《稻花香里说万年——江西省万年县稻作文化风采录》

五

延续千年的
传统技术

几千年来，万年人民总结出一套从良种培育更新、播种移栽、田间管理、收割贮存到精制加工等一系列传统贡米生产技术。万年稻米习俗及贡米生产技术有着深厚的文化底蕴，有着深远的历史文化价值、重要的农业研究价值和可观的经济价值，不少稻作文化习俗和传统技术至今仍沿袭不衰。

万年稻谷属喜温作物，只有万年县丘陵地区才能满足其对地域、气候、水源的苛刻要求，因此能种出"坞源早"的区域仅为区区数百亩；种植上等万年贡米的面积仅有3 000亩。为了保持万年贡米的优异品质，在耕种时采用几近原始的耕作方式：施用农家肥、用人工耕禾除草、引山泉灌溉。贡米的亩产量不足常规稻米的一半。贡米本身的成穗率低也是产量稀少的一个重要原因。声名远扬的万年贡米在古代只能供皇家食用，在现代也只有少数人方能领略其神奇。难怪有人惊叹："易求无价宝，难得万年贡。"

因此，万年贡米从良种的选育到传统的种植技术、防虫技术、储藏技术、农产品生产技术、食物制作技术等，均涵盖了具有丰富内涵的传统耕作文化与技艺。

（一）　选种技术，从坞源早说起

贡谷，原名坞源早，系香稻系列。据考证，香稻栽培历史悠久，早在魏晋时期就有种植。魏文帝曹丕曾在一首诗中写道："上风吹之，五里闻香"。相传，大约在南北朝时候，江南一带普遍种植一季晚稻，都把"坞源早"作为当家品种。代代耕食，经久不衰，至今已有一千余年的耕作历史了。

那一粒粒雪白的万年贡米犹如一枚枚文化芯片，浓缩着先民的智慧和创造，记录着祖先的希冀和向往。万年因贡米而扬名，贡米因万年而出彩。千百年来，自然造化在这里演绎着沧海桑田的故事，故土先民也在这里一辈一辈抒写着贡米的传奇。悠久的历久、特异的水土、勤劳的人民，孕育了万年贡米——这一举世闻名的优质稻米。万年贡米是先民经过数千年的人工驯化、培育、加工的晚籼稻优质产品的良种，清晰地反映出"野生稻—人工驯化—万年贡米"这一水稻形成与发展的历史脉络，是万年著名的传统特产。

"坞源早"株高一般在110~130厘米，分蘖中等，茎秆粗细适中，叶片宽长，颜色浅淡，穗长21~25厘米，每穗结实120粒，多的达200粒以上。谷粒长而瘦，顶端有针芒，也就是说，每一粒谷尖上都长有一根坚硬的长长的芒，故当地民间又有"一粒稻子三寸长"的说法。

坞源早属于籼稻，名列香稻之首，是栽培稻的一个亚种。之所以种植千有余年，代代耕食，就是因为它具备一个作物品种的优良特性。《稻品》对香稻曾作如下描述："味甘而香，是谓稻之上品。"

由于它生育期长，达180天，所以谷粒饱满，千粒重达23克左右，出米率可达70%以上。《香稻优质高产栽培》一书，曾对万年贡米有专门的描述："万年贡米为江西万年县荷桥地区籼型香稻地方品种。该品种粒大，米色洁白，香味浓郁纯正，做成饭软而不糯，味甘可口……"此外，它还有抗病虫害，抗寒能力强的特点，

成熟的万年贡谷

万年贡谷

适应山高水冷的所谓"冷浆田"种植。

古代江浙一带农民之所以喜欢种植一季晚稻，一方面，因这里土广人稀，田种不过来；另一方面，可以错开农忙季节，以免贻误农时。坞源早虽然抗旱能力差，容易倒伏，但一季晚稻经过"晒田"，即使倒伏，也可以慢慢收割，不需要抢时间。因此，坞源早理所当然就成为他们的首选了。

坞源早不是什么地方都可以栽种的，它的生长环境要求苛严：土壤要肥沃、水温要适中，日照要充足，播种要适时。尤其是在

正在生长中的万年贡谷

耕作方面，要精耕细作，及时除草，否则不会获得好收成。

万年贡米良种培育更新，是传统选育工作的重点。良种繁育区选择在海拔高度50~80米之间的东北朝向或东向的垅田，耕作层浓厚不冷浆、有机质丰富且具中等肥力，用自然山泉水或库水灌溉，夏天日照时间短、昼夜温差在10℃左右，严格按照国家粮食种子要求进行生产、精选、良种繁殖田年年用经提纯复壮的原种，生产一级良种供万年贡米生产区域的大田生产用种，两年一更新。

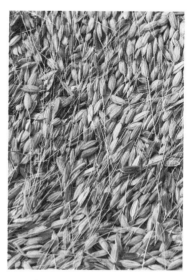

贡米种植技术——贡米种子

（二）传统的耕作技术

❶ 播种

每当立夏过后，天气渐暖，正是坞源早播种的好时节。旧时，这里的农民把隔年翻好的田整平。再把周围杂草丛棘砍光，拓开荒畲，付之一炬，俗名：烧田。经过一番焚烧，再经过雨水冲刷，肥水尽入田中，基肥打足了，以后就不再施肥了。这种原生态的耕作方式，也许就是古代所谓"刀耕火种"的余韵吧。农民们做秧田是很讲究的：先把整好的田耙烂，再用"盪耙"（一种农具）把田荡一遍，做到平整如镜再踩成墒，然后又把"墒"弄平再在墒上播种，"种"不能播得太密，又不能太稀，所以农村撒秧是一门技术活，要种田高手来做。

贡米种植技术——耕地

贡米种植技术——浸种

贡米种植技术——播种

贡米种植技术——播撒后的种子

❷ 育秧

培育秧苗是坞源早种植中的一个重要环节。俗话说："娶亲看娘，栽禾看秧"。秧苗好坏决定收获多少。秧苗经过精心培育，及时施肥，这样才会碧绿苗壮，等到长出五寸高左右，便可拔秧移栽。一季晚稻栽插时间，一般在端阳前后。由于山高水冷，太早，秧苗不易成活，小满过后，移栽就正合时候了。

贡米种植技术——秧苗施肥

❸ 拔秧

第一次拔秧，俗称："开秧门"。旧时，开秧门在这一带非常重视，要举行一个简短的祭祀典礼。太阳刚刚升起的时候，拔秧农民，聚集在秧田一旁，点燃香烛，朝天祷告，祈求风调雨顺，五谷丰登，接着燃放鞭炮，而后便走下田动手拔秧。

别看拔秧不起眼，它还是一门技术性很强的农活。每把秧拔起来，要求秧兜整齐，没有"蚂蚁上树"。秧把扎成扇形不大不小，用手握住，不会感到累赘。

贡米种植技术——拔秧　　　　　　贡米种植技术——拔秧

这样的秧把，栽插起来十分利索，栽得又快又好。扎秧把多用笋壳撕成的细条，或者用稻草、棕线等。用来扎秧的秧线都是早早准备好的，扎秧不能打结，因为打结不方便解开，而是将秧线顺着时针方向往上一勒，便把秧绑好了。栽插时，将秧线逆时针方向一撕便解开了，即不耽误时间又非常方便，拔秧扎秧也是一门高难度的农活，只有经过久练，才能手巧。拔秧不仅要拔得好，还要拔得快，快的一个早上可以拔二百多把秧，足足装满畚箕一担。

❹ 栽插

插秧也是一门技术性很强的农活。既要插得好，又要插得快。荷桥这一带插秧，旧进规格是一尺二，田大就用机禾车打成方格，按格点株。一般在山坞里，便随田塍打箍插。按方格栽插，人往前走，栽三行；清诗人岑嶅有首《插秧》诗，写的就是当时插秧的情景。诗曰：

闲行北陌与南阡，策马分秧看种田。

退步原来皆进步，始知落后是争先。

栽插是一年中重要的农事活动。农民栽插，一日三餐都要很丰盛。早餐吃稀饭，每人吃两个咸蛋；中午，米粉蒸肉，一人四块，每块长约五寸，俗谓"栽禾柄"。晚餐喝酒，吃肉，还有小荤。这些民俗，不仅具体反映了这里的农民对栽插这项农事活动的重视，也可以看出当地稻作文化的丰富内涵。

贡米种植技术——插秧

贡米种植技术——插秧

⑤ 耘禾

秧苗栽下以后，经过十天半月，就要耕禾除草，促其成长。农谚说："禾耘三道仓仓满，豆锄三遍粒粒圆。"耘晚禾也有讲究，头遍二遍要细心呵护，到了三遍四遍，禾苗已经长成发棵，田间杂草不多，则可以随便耘一耘。这里流传着这样一句农谚："头道叮叮咚，二道加紧揉，三道塌塌塌，四道有的吃（qià）。"意思是说，禾耘四遍之后，便可以坐等收割了。

这里的人耘禾，大都是用脚耘，手拄一根特制的木棍，俗称：耘禾棍。田内放干水，用脚绕着一棵禾苗把草踩入泥中，然后用脚抹平。农民一边耘禾一边唱着民歌，兴致勃勃，不消多时，一坵田就耘完了。他们哼的小调，五花八门，什么内容的都有，高兴怎么唱就怎么唱。比如："日头公公快下山，我打长工实艰难。一日三餐糙米饭，一片咸菜下三餐。"（《长工谣》）

有时田脱水，土壤发硬，他们便使用荡禾扒耘。荷桥一带用来荡禾扒耘禾时候不多。农民一季晚稻要上岸时，最后一次耘禾就不好受了。因为稻叶粗硬，还要撒石灰。如果用脚耘，双脚都会溃烂。他们想出一个办法：双脚用荷皮（叶）包裹起来，这样就不会破皮出血了。

（三）收割与储藏技术

① 割禾

收割是一年农事中最为辛苦的一个环节。割早禾天气热，不但要割还要翻田，栽插，时间紧，劳动强度大。一季晚稻收割，虽然不像割早稻那样顶烈日，冒酷暑，抢时间，但是，秋收也是一场紧张的农事活动。秋收的田野，男女忙着收割，镰刀"嚓嚓"声与打禾的"咚、咚"声汇成一片，就像是一曲秋收交响乐。当地有首民谣写道：

> 骄阳酷似火，汗水湿衣裳。
>
> 稻穗刷刷倒，镰刀闪银光。

每当秋收时节，畈野一片金黄，稻谷飘香，丰收在望。清诗人汤潜庵曾写下这样的诗句："按部雨余香稻熟，课农花发晓云轻"。

清代诗人景云的一首《刈稻歌》就记述了古时江浙一带收割晚稻的艰辛。歌曰："秋风吹稻凉，野老聚精旭。札札腰镰声，黄云卷原陆。稚子立塍间，口招晨炊熟。丛杆鸡豚稠，争喧余粒啄。刈已席地餐，彼此计種稑。彼言亩担余，此言亩三斛。三斛给田主，担偿旧租足。富家肯不闭，百钱籴贱谷。"谷贱伤农，农民的艰辛与无奈，从诗中可见一斑。

坞源早虽然是一个晚稻优良品种，但在小农经济社会里，其优势

贡米种植技术——贡米丰收

得不到充分发挥。诗中"亩担余""亩三斛"，虽说不是一个确数，但产量不高、种植面积少，乃是不争的事实。所以，此谷在当时弥足珍贵了。

在丰收的坂野上，还有一道风景线：三五成群的稚子、老妪，手挽竹篮，跟在禾斛后面，俯首佝背，在收割过的田里拾稻穗。他们把

收割后的万年贡谷

捡回家的稻穗，用棒槌拷打，使之脱粒，扬净晒干，就成了金光闪闪的稻谷。捡稻穗不仅可以增加收成，做到"颗粒还家"，同时也体现出农民对自己辛勤耕种的果实，而抱有一种珍惜的情怀。

其实，捡稻穗这一民俗，由来已久，古代叫"遗秉"或称"滞穗"。《诗经·小雅·大田》篇有诗曰："彼有遗秉，此有滞穗，伊寡妇之利"。诗的意思，那里谷把掉在田里，这里的稻穗未被捡起，都让寡妇们统统捡去。清代纪晓岚在其所著《阅微草堂笔记》卷十五，就记载了这一民俗："遗秉，滞穗，寡妇之利，其事远见于周《雅》。乡村麦熟时，妇孺数十为群，随割者之后，收所残剩，谓之拾麦。农家习以为俗，亦不复回顾，犹古风也。"至今，拾稻穗这一农村习俗，在荷桥一带时有见之。

❷ 打谷

坞源早属秋收作物。旧时收割晚稻比起割早禾要轻松一点，不仅天气转凉，且稻田干爽，不像割早禾在泥浆田里劳作。收割的稻粒干燥，挑回家，可以慢慢晒，绝不会发芽。这天，太阳还未升起，农民吃罢早饭就驮着禾斛，推着土车，赶到田里去割禾。他们放下工具便动手割。一人三行随着镰刀"刷刷"声，禾把便整齐地排成一行一行。农民们等到一坵田割完，便放倒禾斛打起来。

过去，这一带收割脱粒都是用禾斛打谷。四个人共打一个禾斛，两前两后，一人两行禾把，如果有一人不上劲，禾把就要掉在后面，其他三人就要说他"拖禾斛斗"。提起"禾斛"这件农具，许多人都见过，有的地方至今还在使用。

禾斛打谷

禾斛长宽约5尺，下有底板，底板下再装两道木梁，俗名：托梢。托梢不仅可以承载禾斛内稻谷，还可以在田里滑行。禾斛内谷满了，拖不动了，就

体验禾斛打谷（何露/摄）

把谷撮起来，倒入谷萝或袋内。每人一天至少要收割二担谷回家。这是常规。"禾斛"这件农具，随着稻谷脱粒机的出现逐渐消失，但有的地方至今还在使用。

③ 晒谷

稻谷收回家，要翻晒、过筛、过扇，扬净晾干后，才可进仓。晒谷用的簸垫，长约1丈五尺，宽约一丈*左右，一次可晒100千克稻谷，用麻垫晒谷不沾泥沙，不撒谷粒，收起来也比较方便。旧时一般民家至少也有五、六皮麻垫。太阳升起来后，妇女把麻垫摆到晒基上，傍晚收完谷又把它卷成筒，搬进屋内。

晒谷用篾编的谷筛过筛，把禾衣禾屑筛掉，剩下就是谷粒。

---

* 1丈≈3.33米。

要把秕谷去掉，须在晒干后过扇。也就是用风车将谷粒扇过一次。风车木制，四脚，上有谷斗，下有出谷口，腹中有风页，辘轳转动，便产生风，秕谷被风从风车后吹掉，谷粒便从出口流入箩内。

晒稻谷

晒谷是妇女的重头戏。早晨，当男人把一担谷挑到晒基，妇女便打开麻垫，将一箩箩谷倒在麻垫，然后用谷斛把谷刮平进行晾晒。快到中午，要翻一次麻垫，将谷过筛。下午，又要翻一次麻垫。麻垫翻得勤，谷就容易晒干。傍晚收谷过扇，也是妇女做的工夫，过扇后，将谷装成一箩一箩，男人们休工回家，便把谷一担一担挑回家。秋收中妇女的作用不可小觑。

❹ 入仓

谷进仓，要用斛桶量过，才知道收了多少。明清时期农村计量谷物一般不用"秤"，而是用"量"来计数的。这种方法一直沿用到民国时期。

古粮仓

古代的"量"，是：勺、合、升、斗、斛、石。

勺，十撮，即升的百分之一。

合（gě），十勺，即升的十分之一。

升，十合，定为量的单位。

斗，十升。

斛，古代一斛为五斗，后来一斛为二斗五升。

石，十斗。一石约60千克。

农家把稻谷一担一担收进来后，用斛桶过量，量时以斠（jiào）把谷物划平，就是一斠，量四下，那就是一石。斛，这种器具，不少人家还能见到。一般用木制成的，高60厘米，底径30厘米。斛身呈葫芦形，肩小围大，圜底，口圆，腹两侧有耳，便于端动。口沿、圜底镶以铁片，以增强它的使用寿命。前面诗中提到的"亩三斠"就是这个"斠"，收成不足一石，可见当时晚稻产量之低。

❺ 舂米

舂米就是把打下的谷子去壳的过程。水碓是当地主要的舂米工具，它利用水流带动水车转动完成舂米，结构上主要分为水车轮、谷磨、石臼三大部分。旧时农民们将一担担稻谷挑到水碓旁，首先，把稻谷倒入谷磨中将壳磨掉，磨后的糙米和壳皮掺和在一起。然后，用风车将壳皮，也就是粗糠吹走，留下糙米。接着，把糙米放入石臼中进行舂米，舂米是为了将附在糙米上的一层糠皮捣去，这层皮就是米糠，去糠皮的米就是白米了。

水车轮是整个水碓系统的动力来源，故它的建造首选在水流急的河流上，在水流缓的也可以根据地势在上游筑起几米高拦河坝蓄水，待用水碓时再放水。水碓虽然工作效率非常底，但是却省去了不少劳动力。在碾米机出现之前，它一直是农民最好的帮手。

水碓舂米

总之，从一粒粒种子撒在田里，到一穗穗稻谷收割归仓，要经过播种、育秧、栽秧、拔秧、栽插、耘禾、割禾、晒谷等一系列程序，因此，每一粒沉甸甸的稻穗都是劳动人民智慧的结晶。

（四）加工技术，在饮食文化背后

万年自古就有"食尽江南米粮川"之誉。千百年来，美丽富饶的万年饮食文化非常丰富，独具稻作文化的魅力。万年传统用稻米制作的小吃品种繁多，除了上文描述的贡米产品外，还有百吃不厌的饭麸果、元宵果、社果和清明果。有味浓香醇的粽子，有令人回味无穷的水酒和谷酒。冬可御寒，夏可解渴。有香柔可口的麻糍和汤圆，有人见人爱的年糕、千层糕、贯心米糖、酒糟鱼等。

不同的节庆，不同的稻米饮食，如元宵的汤圆、清明节的清明粿，端午的粽子，中秋的冻米糖，春年的年糕，还有上梁的糍粑，各色米食点心高达上百种，成为万年美食文化的一个重要部分。

这些小吃的做法各异，有的做法还十分讲究。

❶ 元宵果

千百年来，包元宵米果是件大事，它一直是农村大众化的食品，至今不衰。在正月十五日前几天，家家户户用贡米春粉做元宵果。

元宵果起源于古代的汤圆。农历正月十五日，叫上元节，这天晚上称"元宵"。据有关资料考证，元宵始于汉朝。汉惠帝刘盈死后，太后吕雉篡权。周勃、陈平等一批汉初老臣，约定在正月十五日扫除诸吕（吕后族人），拥立刘恒为帝，即汉文

包元宵果

帝。为庆贺胜利，汉文帝刘恒在这天宴请群臣，并与百姓狂欢达旦。古代正月又称元月，于是汉文帝把这天定于元宵节。孟元老《东京梦华录》记载："正月十五日元宵，大内自岁前至后，开封府绞缚山棚，立木正对宣德楼。游人已集御街两廊下，奇术异能，歌舞百戏。"由此观之，汉唐以来就有元宵节的习俗了。

用汤圆作为正月十五的应时食物，约始于宋代。南宋初，周必大《平园续稿》中曾提到正月十五日煮沸圆子的事。元宵节为什么吃汤圆？元代伊士珍的《郎环记》中，引《三馀贴》说，嫦娥奔月后，后羿日夜思念妻子，遂成大病。正月十四日夜，忽有童子诣宫求见，曰："臣，夫人之使也，夫人知君怀思，无从得降。明日乃月圆之候，君宜用米粉作丸，团团如月，置室西北方，呼夫人之名，三夕可降耳"。如期果降，复为夫妇如初。

明清时期，荷桥一带民家将汤圆衍变成元宵果。在正月十五日前几天，用贡米舂粉做元宵果。里边馅料有萝卜丝、菜叶、香菇、冬笋、豆干、绿豆（红豆）沙、芝麻等。千百年来，它一直是农村庆祝元宵的食品，经久不衰。

旧时，包元宵米果是件大事。有的人家人多，或生活富裕，动辄包上百斤米。为了迎合人们的不同口味，往往在米果上做成各种记号，以表明是什么馅的。还有的人家专门做一块木板印模，把包好的米果放在印模上一按，印成各种花纹，以区别果馅的不同。还有的做成各种生肖，涂上色彩，寄托新的一年美好祝愿。

清明粿

❷ 麻糍

　　万年的麻糍非常有名，群众无论是逢年过节，或庆贺仪式，都以麻糍作为主要礼品办喜事打麻糍。在贡米产区，无论是婴儿周岁弥月，还是老人七十大寿，或者娶亲嫁女，新屋上梁，都必须打麻糍开贺。

　　麻糍打得多，就愈打愈精，麻糍所用的糯米要浸泡适度，蒸糯米的火候要充足，用碓舂木柱舂，都得舂细舂稠，为此做成的麻糍，白嫩而光滑，或煎或煮，都是一种好点心。糯谷虽种植面积不多，但家家农户都会种两三亩田，以作自用。比如谁家今年有什么大喜事，他就得种点糯谷，不然，打麻糍就没有糯米了。

打麻糍果

小儿周岁弥月，虽是小事一桩，可是较富裕的农家都十分重视。周岁这天，一早就要请人打麻糍，鸣鞭炮开贺。送来贺礼的亲朋好友，欢聚一堂，向主人恭贺道喜，然后吃麻糍。中午，还得吃酒，划拳猜拳，以示庆贺。

寿辰日这天，放鞭炮开贺，全村男女老少前来道贺，东道主以麻糍招待客人，气氛极为隆重。中午，还要摆开桌子，大鱼大肉，宴请前来祝寿的亲友宾朋。

娶亲嫁女，也要打麻糍待客。荷桥地区古属信州管辖，民间风俗尚保留古越族的遗韵。婚期前一日，女方张灯结彩，大摆宴席，招待前来送花粉的亲朋好友，俗称"花朝宴"。旧时，亲友送"花粉"礼的物品，除花、擦面粉外，还要送嫁衣或彩礼等等。翌日，鸣鞭炮开贺，做麻糍招待贺客。

另外，新屋上梁时做麻糍抛梁，也是一场重头戏。屋东选择吉日良辰上梁，上梁前，要举行祭梁仪式，点上香烛，摆上酒肴，石、锯、木三匠，手提一只雄鸡，滴鸡血于梁上，屋东则跪地祷告。祭罢，将梁吊上，架在栋柱上，俗称：架梁。此时，石、锯、木三匠，将麻糍从梁上抛下，边抛麻糍边喝彩。比如木匠喝道："伏以，鲁班先师立头功，盖起新房又一幢，老板住进新屋后，子孙万代乐融融"。木匠师傅喝一声，其他工匠则应一声："好"。如此石、锯、木三匠轮番喝彩，将近折腾一个小时，才算完毕。抛梁的麻糍，一般是由内亲做好送来贺梁的。贺梁麻糍不撒芝麻，只是在上面印一红点，以示取彩。麻糍抛下梁后，看热闹的人纷纷去接、去拾，为的是图个吉利。屋东也要做麻糍招待贺客，中午还要举行宴会，宴请客人。

③ 粽子

万年的粽子也很出名，粽子品种很多，有芝麻粽子、绿豆粽子、光豆粽子、饭豆粽子、豌豆粽子、红白莲粽子、腊肉粽子、碱水粽子，堪称万年"粽子系列"。粽子用料颇为讲究，要用一季优质糯米、小麻油、鲜箬皮、老粽叶，在火候方面，要注意到粽子的烂和软，鲜箬皮的香味，要从粽子中散发出来，煮熟后粽子的味道极美，且各有各的味道，每逢端午，家家户户都会品食粽子。粽子现已成为万年县民间最受欢迎的食品之一。

④ 米糖

过大年做米糖是万年一大特色。在农村，过大年家家户户都要做米糖，既可过年待客，又可以供自己食用。早在一个月前，就选上等糯米，蒸熟，经过冻晒，做成"冻米"，然后炒成"爆米花"，准备做米糖时的需要。米糖制法：选用上等糯米，用水浸透，再把它蒸熟，做成糯米饭，再放在缸内发酵，把淀粉变成糖，然后，用一木榨将其汁取出；放在锅内，用大火煎成稠状，做成糖饴。这道工序一般在当天晚上做好。第二天早晨，将做好的糖饴，放在木杆上用手扯、拧，俗谓：搭糖。糖搭好后放入芝麻，或豆沙等馅，再揉成细长条，剪成两寸一根的米糖。其特点：又薄又脆，又香又甜，是民间大众化的小吃。糖饴还可以制麻片，爆米糖等。

⑤ 雪花豆

雪花豆的做法也非常讲究。农妇将大豆数升，入锅爆炒，待苏脆后，浇上糖饴，撒上爆米花粉，然后反复搅拌，使每粒豆子都沾上爆米粉。晾干后，雪花豆就制成了。吃起来，又脆又香又甜。

⑥ 年糕

"锄禾日当午，汗滴禾下土。谁知盘中餐，粒粒皆辛苦。"千百年来，种田的辛劳程度是难以言说的。因此，农家对来之不易的收获格外珍惜，并由衷地尽情庆贺。每年下半年丰收季节，几乎每家每户都开始做年糕，这种年糕各家都做很多，浸泡在水中，要一直吃到来年开春。

相传，古代就有打制年糕的习俗。贡米年糕在贡谷产区是一种较为普遍的大众化食品。每当冬至过后，家家户户就要舂贡谷，制成米，再把米用冬水浸上三五天，然后捞起来沥干，把浸胀的米，放在水碓里舂，边舂边筛，粗的米粒，又放回碓臼内舂。这样筛出来的米粉，又细又爽，是打年糕的好原料。

蒸年糕的方法各地不一。荷桥上下村的农民蒸年糕是这样的：用一把木甑，下面铺一张圆形棕叶，锅内烧开水，待甑内冒热气，就把米粉均匀的撒到甑内，

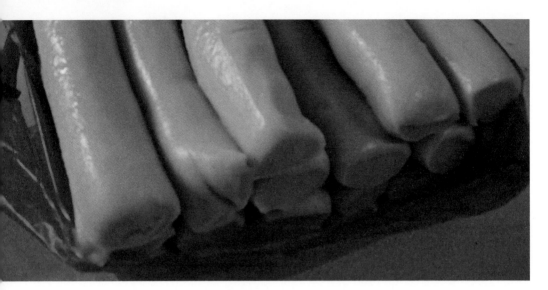

年糕

蒸熟一层，再撒一层，待蒸到五寸高左右，从锅内端起甑倒出整块年糕，去掉棕叶，放木板晾干。这样一甑一甑地蒸。如果要蒸两百斤米，得花一整天时间。

年糕晾干变硬后，再用刀一条一条切开，放在大水缸内浸起来，三五天换次水，保持新鲜，一直可浸到第二年清明。农忙起来，人们用年糕煮粥，吃了不饿，还可以炒年糕做点心。荷桥一带，竹笋炒年糕那是一道传统美食。

7 米酒

谷粒进仓，新米上市时，农家都习惯用新糯米酿制米酒，来分享丰收的喜悦。每到新谷登场，农家就挑选上好"坞源早"，晒干扬净，浸泡三五天，再用甑把它蒸熟，然后用陶缸装起来，放上酒曲，盖上缸盖，严严实实地封好，使之不透气，可发酵。大概过个把月后，把缸打开，用酒甑蒸这发过酵的酒谷，这就叫："吊"酒。经过这样的工序"吊"出来的酒，香气扑鼻，酒味醇厚。酒精度可达50%以上，他们为了测试酒的好坏，往往舀上一杯酒洒在桌上，用火点燃，只见蓝绿色的火苗蹿上蹿下，熊熊燃烧，烧干后，桌上却什么痕迹也没留下。这种酒是上等好酒。

贡谷酒，是用贡谷酿制的谷酒。明清时期，荷桥一带农家有吊酒的习俗，几乎是遍及千家万户。每到新谷登场，农家就挑选上好"坞源早"晒干扬净，浸泡三五天，再用甑把它蒸熟，然后用陶缸装起来，放上酒曲，盖上缸盖，严严实实地封好，使之不透气，可发酵。大概过个把月后，把缸打开，用酒甑蒸这发过酵的酒谷，这就叫"吊酒"。经过这样的工序"吊"出来的酒，香气扑鼻，酒味醇厚，酒精度可达50%以上。酒酿制好后，用缸子装起来，一般不常喝，只待逢年过节，才取出来痛饮一番。或者招待亲朋好友。此番情景颇有点像陆游《游山西村》一诗中写的："莫笑农家腊酒浑，丰年留客足鸡豚。山重水复疑无路，柳暗花明又一村。萧鼓追随春社近，衣冠简朴古风存。从今若许闲乘月，拄杖无时夜叩门。"

现代酿谷酒不需要旧式酿造工艺，而是采用先进设备发酵、蒸制，但在荷桥一带农村至今仍然保留着旧时传统酿酒方法。

❽ 团年饭

大年三十晚上，俗称"除夕"。"除"就是除旧布新的意思。《风土记》记载："至除夕，达夜不眠，谓之守岁"。在荷桥地区，大年三十除了打扫卫生，贴春联之外，煮猪头，做年夜饭，准备一顿丰盛的晚宴。年夜饭又叫团年饭，含合家团圆之意。旧时，无论外出做工还是经商，按照当地习俗都必须在三十日前赶回家过年，全家一起吃团年饭。

团年饭的蒸制与平常吃的饭可不同。大户人家首先是选用上等贡谷，用水碓舂过二遍之后，再用竹筛过筛，将一些断粒、杂碎统统去掉，剩下的米，粒粒完整、晶莹洁白，没有任何杂质，这种米俗称"头仍米"。一般来说，一户准备四五十斤左右，留作团年饭之用。

大年三十这天，吃过午饭，就把米浸泡三四个小时，把米捞出，放在大木甑里干蒸，蒸熟之后，这是便把头道饭倒在木盆里，浇上少量开水，用木板盖上，让它焖半个小时左右，才用开水浇淋，俗称"复水"。把复过水的米饭放进木甑里用大火蒸，待蒸熟冒气，香气扑鼻，这团年饭就算做成了。

团年饭做好后，抬到厅堂，摆上菜肴，点起香灯，拜祭祖先。旧时，大人们还往往在大门外呼唤祖父、祖母、父亲、母亲等已故亲人来家过年，俗称"祀年"。因此，团年饭在贡米产区，家家户户都是要精心制作的。

❾ 盪皮

在贡米这个大家庭中，还有一个产品，渐渐被人们淡忘，它就是盪皮。

盪（dàng）皮，在旧时候曾经风光一时，为这里的人们普遍食用。据说，生病的人吃盪皮比吃米粉、面条好。旧时，荷桥一带如果有人生了病绝不吃米粉，而是煮碗盪皮吃，吃后出点汗病很快就会好起来。这是因为在制作时盪皮边浸米边磨浆，粉质新鲜细腻的缘故。

制作盪皮并不像想象中那么简单，要经过好几道工序，才能制成。首先要选上好的贡米，放在木盆里浸泡一两个小时，待其浸胀湿透，就用石磨一勺一勺地磨成米浆，再烧开水，将铁皮制成的一尺*见方的盪盆放在锅里，不要让开水漫过，再把磨好的米浆舀起来，一勺一勺地倒在盪盆内蒸熟，然后起锅掀起一张一张盪皮，放在竹篙上晾晒。晒半干后，用手卷成束，用刀切成条，再放回竹篙上晒干。晒干后，用棕线扎成小把（每把一斤或两斤），盪皮就算制作完成了。扎好后把它放置缸内，经久不坏。煮食时，放上佐料，十分可口。

虽然其他的大米也能制作成盪皮，但是贡米制作的盪皮不易折断，有韧性，耐咬嚼，而且色泽鲜亮。

* 1尺≈0.33米。

六

任重"稻"远，路在前方

（一） 把脉现状

万年县落实国家"三农"政策，积极调整农业产业结构，农业发展态势较好，2011年农业总产值达23.15亿元，其中贡米、生猪、珍珠是万年农业的三大主导产业和特设产物。稻米是主导产业而且商品率高，全县水稻播种面积在3.33万公顷左右，占作物播种面积的70%左右，90%以上的农户主要是以种植水稻为主，稻谷产量每年在20万吨以上，每年除8万吨左右农民自留消费外，其余的稻谷都是外销或转化，商品率达到60%以上，高于全省平均水平的50%，是一个典型的粮食生产县。

❶ 万年贡米原产地和东乡野生稻原生境面积不断减小

万年贡米稻栽培在高、中丘陵地区的山垄，海拔高度在15~80米，土层一般较厚，质地稍黏，有机质含量较高2.9%以上。山上树多林茂，田垄较窄，耕作层较深，田块兜风，日照直射时间短，伏天雷阵雨多，昼夜温差大。地表水和地下水资源丰富，灌溉用水水质富含多种人体需要的微量元素。万年县贡米原产地的面积在不断减小，目前原产地贡米种植面积为15.8公顷。解放初期，裴梅镇贡米种植面积100公顷，产量25万公斤。到上世纪80年代开始土地承包到户，进行良种推广，使得贡米种植面积减少。90年代开始退耕还林，使得种植面积进一步减少直到2003年达到最低。后在全球重要农业文化遗产项目的影响下，种植面积有所恢复。但由于缺乏统一的保护规划和相关法律法规的支持，对贡米原产地保护的认识还停留在管理层，当地农民和社区的认知程度还较低，没有形成至上而下的全面保护。

作为万年稻作文化系统重要组成部分的车乡野生稻，也不容乐观。由于遭受到人畜破坏及保护措施不到位，东乡野生稻居群由1978年发现时的9个锐减为现存的3个。2002年农业部投资60万专项资金建设东乡野生稻原位保护区，经过各

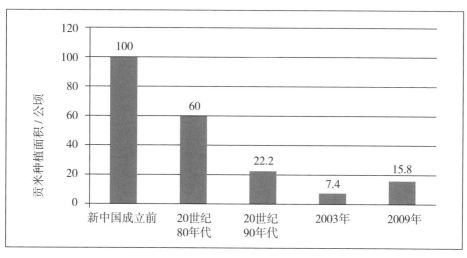

万年县贡米原产地种植面积变化趋势

方努力，东乡野生稻已得到初步保护，现存3处3个群落，但东乡野生稻的开发保护依然不容乐观。由于资金缺乏，目前保护范围、区域较小，保护区仍受到其他伴生植物的侵袭；由于目前东乡野生稻仍未带来直接的经济效益，当地部分干群对野生稻保护仍存在不理解，甚至抵触情绪。保护区亟待建章立制，保护管理措施仍有待加强；有关科研部门对东乡野生稻丰富的基因资源研究开发较迟缓，距充分利用相差很远。同时由于现有保存特别是异位保存技术水平和效应低下，可能造成东乡野生稻遗传多样性丢失甚至濒临灭绝。

现存东乡野生稻居群面积

居群所在地	保护区面积（公顷）	野生稻面积（公顷）
岗上积镇林场	9.46	1.16
樟塘	1	0.26
桃树下	0.03	0.03

❷ 传统贡米经济收益低，农民种植积极性不高

传统贡米的产量很低，仅为3 187.5千克/公顷，而杂交水稻的单季稻产量为9 000千克/公顷，是贡米产量的2.8倍。在同样的收购价格之下农民偏向于产量更高的杂交水稻，这也是杂交水稻推广之后贡米面积大量减少的主要原因。另外贡米的生长期较长，并且生长在山区，无法进行机械化生产，所需的劳动力投入是常规稻作的3倍。改革开放以来，我国大量农村剩余劳动力的转移增加了农民的收入，农村劳动力进城务工所得往往要高于其务农的收入，这直接刺激了农户的行为方式由在家务农变为进城务工。特别是随着市场经济的发展，农民的非农收入所占比重越来越大，农民更倾向于选择生长期短，劳动力投入小的农作，而利用农闲时间外出务工。

❸ 多重价值认识不足

当地政府、社区及公众对万年稻作文化系统的价值认识不足，特别是对系统中难得的水稻种质资源，因此在相应的农业生物多样性保护研究、发展和农村服务组织发展中也没有对原生境生物多样性和当地传统知识的保护给予足够的重视。据研究，万年传统贡米的生态系统服务价值达30 093.08元/公顷，是常规水稻的1.5倍，但却没有相应的政策倾斜和激励机制来维持经济收益低的传统贡米种植，同时也没有制定法律法规保障野生稻和传统贡米原生境的保护。另外，当地社区没有意识到传统管理系统的重要性，这导致传统的种植管理方式和稻作文化被同质化。

（二）文化指引发展机遇

在传统用稻作文化的基础上，深入挖掘稻作文化内涵，建立万年稻作文化品牌十分重要。目前，建议用作万年稻作文化品牌定位的神灵主要有神农氏、谷神、五谷神、稻神等。简述如下：

（1）**神农氏**：即炎帝，传说中的三皇五帝之一，也就是太阳神，发明农具，以木制耒，教民稼穑饲养，制陶纺织及使用火，被后世尊为农业之神。持这种观点的人认为，神农氏对农业的贡献是众神无法比肩的。万年县主要景点、景区，一直以来也是以神农命名，如神农源风景名胜区，应考虑宣传口径的统一性和延续性，不宜更改；有些企业、居民小区以神农冠名，如神农大酒店，神农时代广场、神农家园等，万年人对神农氏已是耳熟能详。

（2）**谷神**：出自老子的《道德经》第六章。老子认为：谷神即生养之神，是原始的母体，万物由此而生。我国早有谷神的传说。传说中的谷神属自然神，又称谷神姬真人。他善于种植各种粮食作物，曾在尧舜时代当农官，教民耕种，被认为是开始种稷和麦的人。日本神话人物中也有谷神，是掌管粟、麦、稷、豆、麻等五谷之神灵。他的职司更广，连农耕用的工具也囊括在内。谷神在万年民间传说广泛，老百姓敬重谷神的习俗由来已久，部分人认为用谷神作为稻作文化品牌，容易被老百姓所接受。

（3）**五谷神**：我国很多农村至今仍延续着祭祀五谷神的习俗，一般将五谷神作为女神来祭祀，可能因为职掌祭祀女神都是女巫的原因。对五谷神的祭祀，源于上古秋收时节的尝新祭祖活动。后来，这种习俗沿袭下来，而且由于人们对于自然的崇拜，便想象冥冥之中有一位能主宰五谷生长的女神，称之为"五谷母"，并将五谷丰登时作为她的生日行祭祀之礼，答谢她的恩德。

（4）**稻神**：稻神是专司水稻播种、育秧、栽插、耕耘和收割技术的神灵。在日本及东南亚等盛产稻米的国家，都有本民族心目中的水稻保护神，每到播种和收获季节，必先祭祀稻神。持以稻神作为稻作文化品牌观点的比较多，意见比较集中。

一是历史匹配、利于传播。仙人洞—吊桶环遗址是新石器早期的古文化遗存。在这里发现了距今一万多年前的野生稻和栽培稻的植硅石，它标志着稻作农业由此产生。《从文明起源到现代化》一书中指出："我国在玉蟾岩发现的栽培稻谷壳实物和吊桶环发现的栽培稻植硅石，都是世界上目前已知同类最早的实例"；中国国家博物馆《古代中国》展厅内布设的电子图中，万年仙人洞、吊桶环遗址位居其中，图上明确标示万年有三个"最早"：中国最早的新石器遗址，中国最早的谷物分布地点，中国最早的陶器实物发掘地。

稻作文化史，也是人类文明史的主要组成部分，从仙人洞出现第一株野生稻时，便有了水稻的保护神——稻神。稻神之所以首先来到万年仙人洞一带赐教先民稻作技术，那是因为这里不仅雨水充沛，土壤肥沃，气候温暖，极宜水稻的生长，而且仙人洞的居民们勤劳智慧，乐于接受新生事物。正如美国著名考古学家马尼士博士所说：万年是上帝安排生产大米的地方。正是仙人洞人经历了数千年的播种—收获—播种水稻的反复生命周期，从原始的水褥火种到精耕细作，积累了极其宝贵的水稻遗传和水稻的耕作技术，为人类的生存和繁衍做出了重大贡献，加快了黄河文明向长江文明的整体推进。万年稻作文化有一万多年的历史，用稻神作为万年稻作文化品牌具有独特性、不可复制性，稻神赋予仙人洞人顽强不屈、敢于创新、大胆求索等精神，正是我们今天所倡导的弘扬稻作文化精神的应有之义。

二是贴近内涵，直达其意。与众神相比，稻神显然对水稻的培育、种植的技能更专、更精。稻神，顾名思义就是水稻之神，以稻神代表稻作文化品牌比较贴切。

最原始的农业生产工具中只有如万年仙人洞所出土的"穿孔石器""蚌镰""石磨盘与石磨棒""骨铲"等原始农具，在新石器早期，这些石器就已经是一种相对高级阶段的农业工具了。稻神虽然年来已久，但她完全是虚拟的神灵，没有国界，可以有多种版本。目前世界上也没有发现申遗和抢注"稻神"的，在国内，仅有广西隆安县十分重视稻神的祭祀活动，每年都举全县之力举办好"芒那节"隆重祭祀稻神。水稻的栽培在仙人洞却有着一万多年的历史，堪称稻神故里。

　　三是符合民俗，便于接受。一万多年来，生活在万年这块土地上的先民，在长期的稻作农耕过程中，形成了大量与稻神有关的耕作习俗与乡规民约、稻作生产与民间礼俗、稻作生产与自然界崇拜、稻作生产与民间巫术等很多稻作民俗。如教导小孩不得糟蹋粮食，不得踩踏掉在地上的饭粒，否则米谷神会瞎其眼睛等等。八月廿四"稻生日"稻谷成熟之时"稻灯会"等，至今仍在一些乡村流传。还有些地方过年时会在年夜饭中特意多放些稻谷，一是感谢稻神一年来的相助，二讨个"谷"真多的吉利，企盼稻神来年再助丰收。

　　稻神产生的时代，为母系氏族时期。农业起源于母系氏族社会，母系氏族社会是人类进化的共性阶段，世界各地的农神都是女性，一些农耕的歌谣也印证了这一点。如"栽秧季节姑娘家最辛苦，你栽秧，哥传秧。你渴了，哥送水……"这首歌谣，说明一直以来，栽秧以女性为主。作为水稻最重要的生产环节"栽秧"，仍延续了母系氏族的传统。

　　稻神是农业的始祖，万年是水稻的圣地，是稻神的故乡，因此，建议用女性"稻神"作为稻作文化品牌的定位。

石雕《五谷丰登》

（三）文化传承与可持续发展途径

❶ 政府高度重视，完善相关的政策与法规

为了有效保护万年稻作起源、传统贡米和东乡野生稻遗传资源以及相关稻作文化，确保其永续发展和传承，应充分认识农业种质资源的重要意义，提高地方对传统贡米和野生稻保护的意识，明确对贡米和野生稻原位保护的要求，建立有效的激励机制，以吸引更多的劳动力和资金投入。贡米原产地的贡米种植面积在逐年减少，有一部分原因是贡米的经济效益较低。因此可以借鉴生态补偿机制，对种植贡米的农户提供经济上的补偿与资助，让他们愿意选择种贡米，这样才能保证原产地贡米的种植区域，从而达到保护物种的目的。

健全的法律法规体系是遗产地保护管理事业的重要保障，加强农业文化遗产地保护的法制建设关键是要建立一套适应性强、易于执法、遵循自然规律的法律法规体系。因此，加快农业文化遗产保护管理立法进程，由当地政府发布操作性强的管理规章，使遗产工作走上法制化管理轨道显得非常重要。目前贡米原产地所在的裴梅镇已经出台了相关条例，严禁在贡米原产地规划区内开办企业或兴建工厂，另一方面则在规划区域内建立村规民约，严禁村民在保护区内砍伐林木，污染周边水源，严禁任何单位或个人随意破坏保护区原始生态和减少贡米种植面积。在此基础上应当进一步完善保护法律法规体系，明确地方和部门职责，建立责任追究机制。同时，实施环境影响评价，尽快完善万年稻作文化保护区域开发项目生态环境影响评估制度，明确规定在所有开发项目运作前，均须进行包括生态评估的环境影响评价及申请许可证。

❷ 积极制定保护规划，加强科学研究

万年传统贡米和东乡野生稻的遗传资源价值已经引起了国内外专家的高度重

视，作为稻作起源之一的万年不但拥有内容丰富的稻作文化，还有着现代先进的稻作生产加工技术，目前已正式成为重要农业文化遗产。为此，应当在当地干部和广大群众中普及传统农业重要性的认识以及相关的技术，降低化肥、农药的使用，重视生态环境的保护，加强能力建设，通过各种方式保护其特有的地方传统文化、传统建筑、传统物种、传统技术等。

编制农业文化遗产保护和发展规划，是有效实施保护措施的前提。明确传统贡米和野生稻保护区的范围，全面分析社会经济与自然生态条件以及保护所面临的优势、劣势、机遇与挑战，提出保护与利用的目标与原则，确定保护与建设的内容与项目。规划的制定必须按照有关的法律法规进行，并且要结合保护区和区域的实际。贯彻"全面规划、积极保护、科学管理、永续利用"的保护方针，根据保护区功能分区的理论与原则，合理划分功能区，把保护、科研、监测、教育和旅游结合起来，统一规划与布局，正确处理保护与开发、旅游与教育、资源保护区与社区发展等关系，致力于保护区和区域经济的同步发展。

目前对东乡野生稻的保护研究主要集中遗传多样性评估及其保护，至今尚未有涉及"东野"的濒危机制、保育策略中植物营养学以及刚兴起的保护遗传学等研究的报道。贡米作为水稻品种，其耐寒、耐瘠、抗虫害及抗逆境的特性已经得到科学家的关注。但进一步从基因上的研究和如何利用这一种质资源还没有得到发展。因此需要加强东乡野生稻和万年贡米相关科学研究的投入，使其在保护的同时得到利用，从而真正成为一种资源。

❸ 利用品牌优势，发展绿色稻米产业

稻米生产和加工已经是万年县的主导产业之一，在成为农业文化遗产之后，稻米产业应当利用品牌优势和深厚的文化内涵积极发展绿色产业、有机产业等，以满足现代人们对食品安全的要求，不但利于环境保护和资源的可持续利用，还可以提高农民的收入。目前，万年贡米已获国家原产地域保护产品、省级地理标志产品和7个"绿标"，1个有机认证。目前全县以稻谷为原料的食品加工企业12家，年产值16.8亿元，约占全县GDP的43%，万年贡米集团加工能力达到51万吨。

同时还要利用万年贡米的品牌和绿色食品的优势，在延伸产业链上下功夫，开发出系列深加工产品，增加绿色大米产业的附加值。首先可选用优质专用品种，以生产出的绿色大米为原料，通过深加工开发出绿色米粉、绿色年糕、绿色米酒等系列绿色产品。其次也可以利用绿色大米生产的副产品，如谷壳、米糠、稻草等为原料，生产绿色食用油、绿色食用菌等产品。

❹ 增强公众稻作文化系统价值认识，提高保护意识

万年稻作文化系统具有多重价值，不但历史悠久，还具有特殊的种质资源。然而目前公众对其价值的认知还很少，特别是当地的农民，因为他们才是农业文化遗产保护的主体。因此，可以通过对公众宣传来激发他们参与农业文化遗产保护工作。具体可通过多种媒体以及旅游、展览、讲座、会议和举办各种活动等多种途径和手段，宣传和展示万年稻作文化系统的价值和保存现状，使公众逐渐形成农业文化遗产保护的自觉性。

一是加强历史文化遗产的保护。仙人洞、吊桶环遗址和万年贡米原产地是万年稻作文化的发祥地，也是稻作文化的重要载体。为保护好这一人类祖先留下的

吊桶环遗志现场拍摄

仙人洞、吊桶环陈列馆前美景

厚重的历史文化遗产，近年来，为进一步保护和弘扬稻作文化，万年县开展了大量卓有成效的工作。加强对与稻作文化起源有密切关系的万年贡米生产技术进行资料收集整理研究、申报工作，加强对万年南溪跳脚龙灯、青云抬阁（民俗）、乐安河流域"哭嫁吟唱"和盘岭大赦庵（七招寺）的传说等项目进行调查、整理、分类，申报非物质文化遗产保护项目，以赋予稻作文化更多更新的文化内涵。

对万年仙人洞进行修缮和建设，对两遗址周边植被进行了恢复。通过采取一系列强化管理和保护措施，使两个世界级的考古洞穴及周边环境得到有效保护，使之真正成为镶嵌在中华大地上璀璨的原始文化明珠。

二是加大稻作文化品牌的宣传。仙人洞人用智慧、科学的头脑和艺术的创造力绘制了一幅人类童年时代波澜壮阔的画卷，在海内外引起了巨大反响，更为国际学术界所普遍关注。多年来一直是世界农业考古胜地，先后吸引了美国、韩国、日本等国的农业考古专家前来考古考察。2009年，经国家广电总局批准，日本国家电视台（NHK）《中国的稻谷文化》摄制组人员，三次不辞辛苦来到万年，实地拍摄万年稻谷文化。摄制组先后在万年县大源仙人洞、吊桶环遗址及万年贡米原产地实地拍摄，详细记录了上述遗址考古发掘进展情况及其重大的考古成果。同时，还揭示了万年贡米的栽培方法，以及万年贡米汲四季水、不用施肥打药等独特的生长习性。

为着力宣传好万年的稻作文化，宣传好中华民族古老的传统文明。2008年万年县组织省内专家精心撰写了达几十万字的专著——《黎明的曙光——世界级考古洞穴与吊桶环》，2010年还邀请省政协文史和学习委员会共同组织编辑了大型豪华本考古图册——《人类陶冶与稻作文明起源地——世界级考古洞穴万年仙人洞与吊桶环遗址》。成立了稻作文化研究会，编辑出版了万年稻作文化刊物，采用诗歌、戏剧、乡土教材等形式打造文化品牌，努力把稻作文化品牌打造成世界知名、影响深远的国际性文化品牌。

为全方位彰显万年文化特色，让更多的人、从更深的层次上认识和了解万年、认识和了解万年稻作文化，进一步唱响万年县世界稻作文化品牌，提升万年县在全国乃至全球的知名度和美誉度，从2004年起，万年县连续举办"中国万年·国际稻作文化旅游节"。每届都安排了丰富的节日活动，有高雅的文艺节目欣赏，有高层次的学术研讨，有特色鲜明的民俗文化展示，有群众参与的游艺活动，还有地方风味的产品展览和经贸活动，着力将节庆活动办成"城市的名片、企业的盛会、招商的平台、市民的节日"，着力将节庆活动办成集欣赏性、娱乐

申遗万人签名

性、特色性、经济性为一体的综合节庆活动。有力地弘扬了稻作文化，为万年经济社会的可持续发展注入了新的动力和活力，也使节庆活动逐步成长为一项有着重要品牌影响力的活动。整合全县文化旅游资源、宣传文化旅游产品、推进区域旅游交流合作的重要平台，推动旅游和文化产业的大发展，推动经济社会的大发展。真正让万年走向世界，让世界走近万年。

三是以稻作文化为抓手，加快万年发展。一粒种子改变了世界，一块陶片引发了一场革命。万年前的仙人洞人，无论野稻驯化还是烧土成器，都给了人们这样一种启示：勤劳与勇敢是推动社会发展的不竭动力。无论从万年窑火到世界瓷都，还是从万年稻作到超级水稻，也都是万千年来，世世代代的中华儿女不断奋斗、不断拼搏、勇往直前的结果。不管世事如何变幻，不管时光如何飞逝，稻作文化所蕴含的精神，在世世代代的万年人血脉里奔腾不息，成就了万年人与生俱来的创新、创业、创造的气质和品格。

继承、发展和保护好现有文化资源，唱响"稻作文化"品牌，化文化资源优势为区域经济优势，进入新时期以来，在稻作文化和仙人洞前人——稻祖的熏陶、感染和激励下，勤劳、智慧、善良、淳朴的万年人民，顺势提出了"弘扬稻作文化，加速工业崛起，建设中国贡米之乡，全面融入鄱阳湖生态经济区"的发展战略，为创造自己的幸福生活和美好未来而不懈奋斗。近年来，万年县委、县政府围绕"一粒米"做好文章，大力整合稻作文化和资源优势，成功将万年贡米集团打造成为国家级农业龙头企业、全国十强粮食集团和全国百强粮油企业，形成了集种养加相结合、贸工农一体化、产学研相促进的稻米产业化发展格局，为宣传推介万年县特色农业、促进稻米产业绿色安全作出了积极贡献。

"火轮哪管炙肌肤，辛苦田间汗血锄。完却官租囊欲罄，叩门月米又追呼。"旧社会农夫的田间辛勤劳作，换来的是衣不蔽体、食不果腹的悲惨生活。今天的万年，凭着无与比拟的特色文化优势已经扬帆起航。

万年是一块神奇的地方，是一座文化生态的乐园。遥远的过去，万年先民创造的远古文明，有着无数次精彩的亮相。展望未来，魅力的万年必将迎来一个更加绚丽如画、壮美如诗的春天。

附录

附录1 旅游资讯

（一）地理概况

万年县地处鄱阳湖区山地丘陵向鄱阳湖平原过渡中间地带，东有怀玉山余脉，西处鄱阳湖平原边缘。境内地貌类型以岗地、丘陵为主，辅之以滨湖平原，地势由东南向西北倾斜，呈阶梯状。东南部群山起伏，雄伟壮观，最高峰海拔685米；中部丘陵起伏，间夹小块平原；西北部与鄱阳毗邻，系滨湖地区，湖塘众多，地势较低，最低点海拔11.5米。其中山地占6%，丘陵占60%，平原占28%，水域占6%。

万年县属中亚热带暖湿季风气候，其特点是四季冷热分明，干湿雨季明显，春多寒潮阴雨，夏多暴雨高温，伏秋易旱，冬少严寒，日照充足。年均气温17.5℃，年降雨量1 908毫米，年日照时数1 739.2小时，无霜期295天，年均雨日为178.7天。

万年全境总体属长江流域，鄱阳湖水系。县境内大小河流182条，总长806千米，河网密度为0.707千米/平方千米，主要河流是珠溪河、万年河注入乐安河，主要湖泊14个。由于人们生产活动的破坏，万年县的原始植被已不存在，现状植被中的森林林分多为天然次生林、半天然林和人工林。土壤类型有水稻土、潮土、石灰土、紫色土、红壤土、红色石灰土。

（二）游在万年

❶ 景点介绍

仙人洞遗址

仙人洞遗址位于万年里小荷山脚下，属石灰岩溶洞，洞口朝东南，呈半月形，洞前豁然开阔，顶上石灰岩向前伸展，成岩厦状，洞口高5.75米，宽18.9米，深40米，高处9米，低处仅2米许，分南北四个支洞。北洞有一洞口可通外，洞口外平坦，洞内可容纳千人。江西省考古界人士曾于1962年、1964年对该洞进行发掘，出土石器、陶器、蚌器、骨器、角器、牙器等600余件。1987年被列为省级文物保护单位。1993年和1995年，美国前总统布什的农业顾问马尼士博士和我国著名考古学家严文明、彭适凡一起，先后进行考古发掘，出土了大量石器，骨器和陶片。通过对植硅石和孢粉检测，发现了1.2万年前的野生稻植硅石标本和9 000~10 000年前栽培稻植硅石标本。这表明，大源是世界水稻种植的起源地，是上古"农业革命"的主要发生区域之一，也是目前已知的世界农业文明最早的起源地。在仙人洞发现的大量饰纹陶器，是迄今为止发现最古老的陶器，距今1.4万年，是陶器起源阶段产品。据此可认为，陶器的起源是在栽培作物发生之前，同时也证明了仙人洞是长江流域至今所发现的最早的一处旧石器时代晚期、新石器时代早期的古文化遗址。

吊桶环遗址

吊桶环遗址位于仙人洞南侧800米处的山头上，因其洞穴外形似吊桶环而得名，发现于1982年。文化堆积分为两层：下层是距今2~1.5万年的旧时器时代末期；上层是距今9 000~14 000年的新石器时代早期。从仙人洞和吊桶环位置、地形、地貌和发掘物来看，在旧石器时代中晚期，仙人洞先民是栖息于地势较高的吊桶环。到了旧石器时代晚期，才下到仙人洞居住。从吊桶环出土的数以万计的动物骨骼化石来看，住进仙人洞后，先民们便把吊桶环当作屠宰场，他们在吊桶环屠宰猎物，烤熟食物，并把剩余的带回仙人洞。1993年和1995年，仙人洞和吊桶环遗址的考古发掘被评为"八五"期间十大考古新发现之一和1995年全国十大考古发现之首。

陈列馆

陈列馆建筑为我国典型的古典"回"字形结构，四周为房，中间是一个宽阔的天井。这种建筑的最大好处是便于通风，易于采光。两侧各点缀了一个八角凉亭，供游人休息。整幢建筑以白色为基调，显得疏朗大方。房顶在水泥浇筑的基础上，铺设了木质材料，显得古朴雅致，和遗址的文化气息暗合。

陈列馆内收藏了大量的珍贵资料和发掘的文物，既有出土的文物仿品，也有实物，还有考古学家的发掘用具。考古的研究成果都分门别类地在橱窗内静候着嘉宾的到来，并以图片和实物相结合的方式展示给游人。游人在欣赏前人留下的珍贵文物之外，还可以通过文字介绍丰富自己的知识，并把文明之光播向四方。

贡米原产地

位于素有"贡米之乡""革命摇篮"美称的裴梅镇南面2000米处的荷桥村，距离县城10千米，总面积约3平方千米，其中种植贡米的耕地有三大块，约300余亩。贡米是万年的传统名特产，生产贡米已有1 000多年的历史，早在南北朝时，朝廷将其律定"代代耕作，岁岁纳贡"的贡奉朝廷之珍品。因此荷桥作为万年贡米原产地，2005年被国家公布为原产地域。贡米原产地齐聚着贡米的品牌效应，优美的自然环境，地域的优越性，资源的互补性，良好的投资氛围，是一个极好的观光旅游休闲娱乐之地。

神农宫

神农宫景区以喀斯特地貌的地下溶洞、地下河流自然风光为主，景区全长10 000余米，落差300余米，目前开放游程1 600米，其中水路250米。洞中各类钟乳石品种繁多，琳琅满目，质地纯净，色泽如玉。景观十分丰富，洞内石瀑悬泻，石幕低垂，石柱擎天，石乳悬吊，石田阡陌纵横，人、神、兽、物等惟妙惟肖、栩栩如生，尤其全长460米的神农河纳山川之美，容奇峰之秀，被誉为"中国最美的地下河"。

玉狮洞

玉狮洞探险游景区全长1 000米，是目前国内唯一的天然洞穴探险游项目，神农源风景区也因此成为中国唯一的洞穴探险科考基地。

梦幻石林

梦幻石林风景区是一座名副其实的由怪石组成的"森林"，穿行其间，但见怪石林立，突兀峥嵘，姿态万千。梦幻石林方圆数平方公里，既有云南石林的磅礴气势，又兼具苏州园林的玲珑隽秀，被誉为"中国最神秘的石头城堡，原始森林里的石林"。

荷溪古村落

荷溪古村历史文化源远流长，遗迹众多，如明代古城墙，明万历古井，古戏台，彭氏祠堂等。荷溪古村建于明朝正德年间，于明史上著名农民起义——王浩八领导的农民起义相关。万历古井深2丈许，井口置一石圈，上刻"万历七年"。

荷溪村的古民宅，现仅存两幢，一是彭云峰（号伯雅）先生故居，先生乃清朝乙酉拔贡，此宅建于清同治十年（公元1872年）。另一是彭兰亭先生故居，此宅建于明朝正德五年（公元1497年），因先生文及泰斗，义冲云天，翰林院曾赠匾旌扬，其匾客云：气海常温。

荷溪古戏台

荷溪古戏台保存完好，各种刻画雕镂，栩栩如生。戏台的布局和建筑形式，反映了当地的地方特色。

荷溪古戏台始建于清朝康熙十年（公元1782年），娄家水沟南面，坐东朝西，后由于人口不断增加看戏场狭窄。至宣统元年，由木师彭丰贺仿原建造模式，改建到古祠堂之南，坐东南朝西北。进出门有六个，戏台两边有舍楼，供戏子们休息睡觉。屋顶装有避雷针，台中间上面造了一个金黄色峰巢式的漩涡。门梁上雕刻了许多古人古画，正中是"九狮过江"和"乐在其中"。每年春节、元宵、春社、端阳、中秋及冬闲时，都会请戏班子来此演出。

荷溪古祠堂

荷溪彭氏宗祠，建于清朝康熙八年（公元1670年），地点在村东出口处，仁安社东边，现存古樟树勘上，坐北朝南。至清宣统元年，由木师彭丰贺仿照原建造模式往西移至娄家地盘上坐西北朝东南。祠堂正厅上有神龛，内放祖先牌位。每年清明、冬至，彭氏后裔要设祭品祀祖先。正厅两壁写有四个大字：木本水原。另外每一块鼓皮上面都有一块匾。

祠堂左边是积谷仓，每年青黄不接时赈济缺粮，至新谷登场一担还一担。右边是教学学馆。祠堂对面是议事厅，是族首们商讨族中诸事的地方。

荷溪古井

荷溪古井叫石井，也叫劝家井（是劝家地盘），掘建于明朝公元1566年，距今已有400多年的历史。直径约二尺，深约五丈，用砖叠砌而成，井圈用一块巨石挖凿而成。有两尺多高，四寸多厚。经过几百多年来绳索扯水的磨损耗，井圈由四寸多厚，变成了刀口样薄。井圈的周围还保留着"明朝万历柒年建"字样。井底有两块巨石，猪槽式的，水从石缝中出，冬温夏凉，水位经常保持六尺深度，久旱不干涸，可常年供全村人饮水。

明池

明朝英宗正统年间，由于村里失火，烧毁了住房六七幢，村民们就在村西樟树下挖掘一个明池，围宽45丈，用明池蓄水，防止火灾。

相传为挖明池，全村人挖了十多天效果不大。后族长偶得一梦，一金甲神说日里千人挖，夜里万人填，不信神，不信天，任你挖到年也挖不完。于是就在池的西边竖起了一根六丈高的天灯，每当晚饭后，天灯就点着了火，照着明池周围明明亮亮。以后只费了三天功夫，把这一个这么大的明池挖好了。

荷溪古樟树

村内现仅存两棵樟树。一是在村西明池旁边，培植于明朝英宗正综八年（公元1444年）围2丈6尺；一株在村东仁安社之东，古祠堂遗址堪下，培植于公元1118年，围1丈6尺，它横生横长，村民们叫驼子樟树。

荷溪古城墙

距明池西北300米就是古城北门遗址。那是明正德五年（公元1497年）王浩八姚源起义。荷溪村由统制陈金指挥用乱石为垣，环城筑起了城墙。当时建了东南北三城门，保卫村庄，现仅存北门。过去南门和北门相距只600米，可以互相呼应。站在北门城楼上，瞭望西南禄堂岭，岭上有一古寺，寺内钟声每天凌晨一响，村里就有缕缕炊烟，它唤起了千家万户人们开始一天的劳动，南门城内有一个下马石，不管哪一个骑士，一至此就要下马步街上到村里，否则就违犯了村规。城外是一个树林，叫南门林，也叫南门柴里。

崇德祠

崇德祠坐落于仙人洞旁边，始建于明朝年间，有500多年历史，明朝乙酉年（公元1465年）叫"辖山庙"水将军正殿，由僧人管理，1941年被国民党烧毁，重建于1996年，已建成一座雄伟的寺庙。现由东岳护国寺净明法师、灵园法寺在寺当家护法。寺前大源河穿流而过，寺内有千年古樟相伴，景象迷人，是江南著名胜地古刹。

严家牌坊

严家孝子牌坊坐落于原严家至柳家的大道上。建于清代公元1868年，坊以四根石柱一字并排跨路而立，成门槛式。青灰石坊下下三层穿柱而成。

坊高3.5米，宽3米。顶屋正反两面刻有"圣旨"二字，坊额正面刻"顺德流芳"，反面刻有"言无人间"；下层正反两面刻有"旌青孝子贡生严思孟之坊"，字皆阴刻。据传，严思孟视后母为嫡亲，守墓三年，历尽孝道，极得世人赞许。光绪帝颁圣旨谕令建坊，以表彰其孝行。我国历史上的孝子牌坊很少，像这种保存完好的牌坊理属罕见。如今牌坊周围均为水稻田，缺乏保护措施，且牌坊遭岁月风蚀，已有一根石柱歪斜。

大赦庵

位于裴梅镇柳家村境内，始建于公元888年，建成于公元892年，历经多次损毁重建，"文革"期间被毁后，由当地村民集资修建砖木结构房屋一幢，保存至今，内供奉佛像，香火不绝。公元888年，刘汾（官至银青光初大夫，吏部尚书石仆射），将山田施舍，创建禅寺，取名南山寺，公元892年，佛殿观音堂、坐禅亭和东西两边廊房建成，于是刘汾上报朝廷，唐昭宗，常念刘汾忠孝，随免其畤税粮，故名"大赦庵"。刘汾有个女儿叫金姑，因病渐哑，失志不嫁，刘汾怜其女冰结，遂建庵偕终身隐居。刘汾父女相继死于大赦庵，其后裔立刘汾神位，并塑金姑容像奉祀于庙内。

莲花洞

莲花洞，又称百龙洞。地处万年县大源镇港道村境内。

莲花洞主洞，全长570余米，宽窄高低不一。宽处约有丈余，窄处只容一人侧身行走，均宽3.7米；高处达37米，低处却须弯腰弓背而行。据传百龙洞因盘踞着一百条龙而得名百龙洞，又因其主洞最宽处如盛开的巨莲倒挂，又名莲花洞。

龙泉湖

龙泉湖风景区位于万年县仙人洞风景名胜区东部边境，龙泉湖为一人工湖泊，湖面面积约200余亩，湖区内已配置了竹排、橡皮艇、汽艇供游客垂钓和泛舟游览，湖岸山林中建有竹制的亭台楼榭，供游人休闲娱乐，整个景区有4.1平方千米，布置的精雅别。

赣东北省苏维埃政府旧址

万年县赣东北省苏维埃政府旧址位于万年县裴梅镇富林村，为第二次国内革命战争时期保存完好的革命故址。1987年12月被列为第三批省级文保单位。2000年7月确定为上饶市（地区）爱国主义教育基地。该革命旧址是万年作为革命老区的重要历史见证，是进行爱国主义教育和开展红色旅游的重要场所。在该旧址附近还有坞头暴动旧址、富林会议旧址、红军战壕等丰富的红色旅游资源。

万年县珠溪河湿地公园

万年珠溪河湿地公园于2010年获批省级湿地公园，2012年获批国家湿地公园。公园总面积为1 025.1公顷，其中湿地总面积为506.8公顷，占土地面积的49.4%。珠溪河国家湿地公园创建以水资源功能重要、水质优良的大港桥水库，自然朴实的珠溪乡村河流，生态精桥的城市景观河流为基础；以稻作文化、珍珠文化、水利文化等湿地文化等多元文化作为内涵；以乡村河流及沿河生态带等复合生态系统为景观特色；以保护湿地生态系统完整性、维护湿地生态和充分发挥多种湿地生态服务功能为宗旨；突出乡村河流的保护、城市河流的近自然化，稻作珍珠水利等湿地文化的弘扬，以城市防洪抗灾、水资源合理利用、湿地科普宣教、湿地文化展示和城市湿地公园休闲为主要目标，建成集湿地保护、恢复修复、文化展示、科普宣教、科研监测，湿地观光体验和休闲游览为一体的综合性国家湿地公园。

湖云"三水"产业基地

地处万年县西北部的湖云乡境内，2003年通过省级万亩"三水"产业科技示范园区验收。"三水"产业万年科技示范园总面积10 379亩，共分五个园区。即：鱼、蚌种苗繁育区；珍珠、畜禽、优质商品鱼养殖区；休闲观光旅游渔业区；水生作物栽培区；珍珠系列产品加工区；米产品批发市场。另外湖云盛产珍珠，湖云珍珠粒大形圆、光泽照人，含氮量高于其他珍珠几倍，素以"淡雅似明月，瑰丽如云霞"而闻名，其产品畅销海内外。

斋山遗址

地处湖云乡境内，为商周文化遗址，已被列为省级文物保护单位。万年斋山遗址在1982年文物普查时发现，人类早在商朝时代，就在此定居劳作、繁衍生息。2005年在遗址出土的器物上不发现了3 600多年前的人类指纹，遗址主要有生产工具和生活用器两大类，可认为湖云在商代，农业、畜牧业、手工业都较为发达，遗址的发现为万年类型的商文化早期阶段断代提供了新资料，为龙山段材料中，进一步划分二里岗期到夏代这一期间的资料提供了线索，考古学者认为江西在汉代以前是"荒蛮服地"的说法随着斋山陶器、吴城的夯土城墙等商代遗址的发掘画上了句号，使得湮没了3 000年的江西商代文明重见天日，从此打破了"商文化不过长江"的论断。

青云塔

又名斛峰塔，省级文物保护单位。清道光庚子年建于青云镇西南5华里处万斛峰上，塔建7级，高9丈，八卦形，每方宽8尺，塔砖青灰，每块重25余斤，坚实牢固，塔内有木梯可登。青云塔巍然屹立，使万斛峰更加显现出奇峰绝壁，参天插云，有古诗描述青云塔：塔势如涌出，孤高耸天宫，登临出世界，磴道盘虚空。

石镇古街

石镇古街紧靠乐安河边，石镇大桥横跨乐安河，石镇码头历史悠久，作为古时的一个交通枢纽，石镇具有重要的历史地位。石镇古街保留着大量清末民初的古民居建筑，并且大多集中分布。铺着青石板的悠长巷道，早已褪色的竹制排门，青砖上若隐若现的各式雕刻，契合完好的木质横梁以及极具徽派特色的大堂天井，让人仿佛置身于两百年前的时空。

② 推荐线路

线路一：县城→荷溪古村→吊桶环、仙人洞→仙人洞遗址陈列馆→神农宫→石镇古街→黄巢山→湖云湖"三水"产业基地→斋山遗址→汪家现代农业示范基地→张家山水库→青云塔→姚源十景→裴梅贡米原产地荷桥→龙泉湖→赣东北苏维埃政府旧址→县城

线路二：县城→荷溪古村→吊桶环、仙人洞→仙人洞遗址陈列馆→神农宫→龙泉湖→赣东北苏维埃政府旧址→坞头暴动遗址→荷桥贡米原产地荷桥→县城

自驾车万年游神农宫

南昌到景区：由遥湖出发上昌万高速，然后途径进贤、瑞洪，过了余干后，行驶一段时间到达万年县城，进入大源镇，也就是仙人洞景区所在地，最后到达盘岭（神农宫景区所在地），整个行程所需时间大约为3小时，全程130千米。

婺源到景区：昌万高速公路至乐平景德镇至婺源时间为4个半小时。

上饶到景区：上饶到弋阳到景区，时间为3小时140千米。

弋阳到景区：弋万公路，50千米

三清山到景区：260千米，5小时

龙虎山到景区：80千米，1.5小时

景德镇到万年：120千米/1小时40分钟

万年县城到景区：20千米，有班车到达，早上6:30-晚上6:30，每15~20分钟一班。

（三）食在万年

神农稻香肉

相传明太祖朱元璋大败陈友谅，随军经过此地，为犒赏三军，杀猪就食，后因分配难当，故将稻草绑在肉上，后发现肉吃起别有一番风味。菜品特色醇香味

美，油而不腻，稻香浓浓，味道独特。在2012年全市旅游产业系列评选活动中荣获"十大银牌菜称号"。

富贵在其中

早在明清时期，为送学子进京赶考，家人为其特别备好这道富贵在其中，为他暗示富贵人生在此一举。菜品特色香酥可口，鲜美无比，味道独特，营养丰富。在2012年全市旅游产业系列评选活动中荣获"十大银牌菜"称号。

秘制萝卜丸

此菜专为现代饮食研制，选用了常见食材——萝卜为主料。萝卜除了可制作美食，还有一定的药效，它所含的淀粉酶、氧化酶能分解胃中的淀粉、脂肪，起到顺气化食、消胀的功效，经厨师搭配加入肉味、蛋清，为其增添了鲜味、口感与营养。

万年宫廷板鸭

万年宫廷板鸭历史悠久、传统工艺、采用100~200日龄肉用万年草鸭、名贵中药材、天然香料、制作精细、去油脂、不肥腻。本产品获：2000年江西食品展销洽谈会"世纪之光"优秀产品2000年江西食品展销洽谈会"江西名吃"。

水煮鲜雷笋

水煮鲜雷笋系天然产物，被誉为"笋中之王"，质脆嫩、性甘甜、味鲜美，富含膳食纤维、氨基酸、维生素、钙、鳞等多种营养成分和微量元素，是现代家庭最为理想的绿色蔬菜。

（四）忆在万年

万年贡米

万年贡米距今已有1 000多年种植历史。现已开发出贡香米1、2、3号、贡丝米1、2号、珍珠贡米等十多个品种。1998年，万年贡米系列产品被评为"98江西名牌产品"。2012年6月，万年贡米荣获全市"十佳"旅游商品称号。

万年珍珠

万年淡水珍珠在全国乃至东南亚一些国家和地区享有很高声誉，有"中国珍珠看江西，江西珍珠看万年"之说。其系列产品珍珠粉、珍珠膏、珍珠霜、珍珠夏露、珍珠饮料、珍珠天然口服液、珍珠养胃面、珍珠茶、珍珠酒、强化珍珠贡米等具有较高的食用和药用价值。

万年茶油

油茶是万年农业主导产业，全县油茶面积达到5万亩，是国家重要的油茶生产基地。万年茶油严格按照"绿色食品"标准组织生产，茶油压榨及精炼生产工艺设备采用国家最先进的生产线，关键设备选用瑞典阿法拉伐等国际著名产品，生产工艺实现自动投料、低温压榨、物理式精炼、全自动伺服灌装，全过程绿色环保。产品"香云河"于2012年获得国家商标注册，产品共分中、高端和顶级三个系列。

雷竹笋

万年拥有雷竹笋基地25 000多亩，基地无污染源，目前，全县已形成了生产、加工、真空包装一条龙生产线，年产水煮笋1 000多吨。

民间刺绣

刺绣是万年民间的种传统工艺，早在汉代就在乡村流传，其历史可与苏绣、湘绣、蜀绣、广绣等四大名绣比肩。鞋垫等等，花鸟虫草刺绣其上，无不活灵活现，栩栩如生。如今，有些地方大姑娘出嫁仍以刺绣品做嫁妆。

大事记

●约15 000~20 000年前

野生稻采食。

●约12 000 年前

开始水稻栽培。

●明 正德七年（1512年）

八月析余干、波阳、乐平、贵溪四县边徼之地立万年县。

●清 顺治三年（1646年）

大旱，饥民蜂起，众至数万，杀入县城，烧毁官署。

●道光十五年（1832）

秋，大旱，飞蝗遍野，全县受灾。

●民国33年（1944）

3月 开展粮食节约运动，改食糙米，掺用杂粮，限制消费，改糯增籼。

●1950年

7月 全县开始土地改革，历时5个月，11月结束。

●1954年

6月16日 标林圩决口。至19日，全县所有圩堤漫决，致使四、五、六区26个乡，139个村被淹，死亡71人，冲倒房屋1 036栋，倒塌水利设施1 500余处，成灾面积88 997亩，其中42 528亩颗粒无收。

●1950s（20世纪50年代）

仙人洞被发现。

● 1962年

对仙人洞进行考古发掘。

● 1978年

东乡县发现野生稻群落。

● 1985年

7月2日，县政府发出布告，将大源仙人洞列为县级文物保护单位。

● 1988年

4月2日 联合国粮农组织投资中心和世界银行吉湖农业开发项目评估团来万年考察。

● 1993—1994年

美国考古学家马尼士博士与北京大学、江西省考古研究所共同发现仙人洞中栽培稻植硅石标本。

● 1995年

吊桶环遗址被发现发掘。

仙人洞和吊桶环遗址被评为"八五"期间"全国十大考古新发现"。

● 2000年

仙人洞遗址被江西省人民政府列为"省级风景名胜区"。

● 2001年

仙人洞和吊桶环遗址被国务院列入"全国重点文化保护单位"。

● 2005年

万年贡米获地理标志产品保护

● 2006年

万年贡米生产标准的江西省地方标准正式发布。

● 2007年

万年贡稻栽培技术被列入"江西省的物质文化遗产保护名录"。

● 2008年

12月 万年县启动全球重要农业文化遗产申报工作。

● 2010年

6月 被联合国粮农组织列为全球重要农业文化遗产，并在北京人民大会堂举行授牌仪式。

● 2011年

中国食品工业协会授予万年"中国贡米之乡"称号。

● 2013年

5月 "万年稻作文化系统"被农业部列为首批中国重要农业文化遗产。

● 2014年

6月 "万年稻作习俗"被文化部列为第四批国家级非物质文化遗产项目。

万年贡米集团建立"院士工作站"，袁隆平、谢华安、颜龙安、陈温福等院士入驻。

附录3 全球/中国重要农业文化遗产名录

❶ 全球重要农业文化遗产

2002年，联合国粮农组织（FAO）发起了全球重要农业文化遗产（Globally Important Agricultural Heritage Systems, GIAHS）保护项目，旨在建立全球重要农业文化遗产及其有关的景观、生物多样性、知识和文化保护体系，并在世界范围内得到认可与保护，使之成为可持续管理的基础。

按照FAO的定义，GIAHS是"农村与其所处环境长期协同进化和动态适应下所形成的独特的土地利用系统和农业景观，这些系统与景观具有丰富的生物多样性，而且可以满足当地社会经济与文化发展的需要，有利于促进区域可持续发展。"

截至2014年年底，全球共有13个国家的31项传统农业系统被列入GIAHS名录，其中11项在中国。

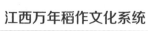

全球重要农业文化遗产（31项）

序号	区域	国家	系统名称	FAO批准年份
1	亚洲	中国	浙江青田稻鱼共生系统 Qingtian Rice–Fish Culture System	2005
2			云南红河哈尼稻作梯田系统 Honghe Hani Rice Terraces System	2010
3			江西万年稻作文化系统 Wannian Traditional Rice Culture System	2010
4			贵州从江侗乡稻—鱼—鸭系统 Congjiang Dong's Rice–Fish–Duck System	2011
5			云南普洱古茶园与茶文化系统 Pu'er Traditional Tea Agrosystem	2012
6			内蒙古敖汉旱作农业系统 Aohan Dryland Farming System	2012
7			河北宣化城市传统葡萄园 Urban Agricultural Heritage of Xuanhua Grape Gardens	2013
8			浙江绍兴会稽山古香榧群 Shaoxing Kuaijishan Ancient Chinese Torreya	2013
9			陕西佳县古枣园 Jiaxian Traditional Chinese Date Gardens	2014
10			福建福州茉莉花与茶文化系统 Fuzhou Jasmine and Tea Culture System	2014
11			江苏兴化垛田传统农业系统 Xinghua Duotian Agrosystem	2014
12		菲律宾	伊富高稻作梯田系统 Ifugao Rice Terraces	2005
13		印度	藏红花文化系统 Saffron Heritage of Kashmir	2011
14			科拉普特传统农业系统 Traditional Agriculture Systems, Koraput	2012
15			喀拉拉邦库塔纳德海平面下农耕文化系统 Kuttanad Below Sea Level Farming System	2013

续表

序号	区域	国家	系统名称	FAO批准年份
16	亚洲	日本	能登半岛山地与沿海乡村景观 Noto's Satoyama and Satoumi	2011
17			佐渡岛稻田—朱鹮共生系统 Sado's Satoyama in Harmony with Japanese Crested Ibis	2011
18			静冈县传统茶—草复合系统 Traditional Tea-Grass Integrated System in Shizuoka	2013
19			大分县国东半岛林—农—渔复合系统 Kunisaki Peninsula Usa Integrated Forestry, Agriculture and Fisheries System	2013
20			熊本县阿苏可持续草地农业系统 Managing Aso Grasslands for Sustainable Agriculture	2013
21		韩国	济州岛石墙农业系统 Jeju Batdam Agricultural System	2014
22			青山岛板石梯田农作系统 Traditional Gudeuljang Irrigated Rice Terraces in Cheongsando	2014
23		伊朗	坎儿井灌溉系统 Qanat Irrigated Agricultural Heritage Systems of Kashan, Isfahan Province	2014
24	非洲	阿尔及利亚	埃尔韦德绿洲农业系统 Ghout System	2005
25		突尼斯	加法萨绿洲农业系统 Gafsa Oases	2005
26		肯尼亚	马赛草原游牧系统 Oldonyonokie/Olkeri Maasai Pastoralist Heritage Site	2008
27		坦桑尼亚	马赛游牧系统 Engaresero Maasai Pastoralist Heritage Area	2008
28			基哈巴农林复合系统 Shimbwe Juu Kihamba Agro-forestry Heritage Site	2008

序号	区域	国家	系统名称	FAO批准年份
29	非洲	摩洛哥	阿特拉斯山脉绿洲农业系统 Oases System in Atlas Mountains	2011
30	南美洲	秘鲁	安第斯高原农业系统 Andean Agriculture	2005
31		智利	智鲁岛屿农业系统 Chiloé Agriculture	2005

❷ 中国重要农业文化遗产

我国有着悠久灿烂的农耕文化历史，加上不同地区自然与人文的巨大差异，创造了种类繁多、特色明显、经济与生态价值高度统一的重要农业文化遗产。这些都是我国劳动人民凭借独特而多样的自然条件和他们的勤劳与智慧，创造出的农业文化的典范，蕴含着天人合一的哲学思想，具有较高的历史文化价值。农业部于2012年开始中国重要农业文化遗产发掘工作，旨在加强我国重要农业文化遗产的挖掘、保护、传承和利用，从而使中国成为世界上第一个开展国家级农业文化遗产评选与保护的国家。

中国重要农业文化遗产是指"人类与其所处环境长期协同发展中，创造并传承至今的独特的农业生产系统，这些系统具有丰富的农业生物多样性、传统知识与技术体系和独特的生态与文化景观等，对我国农业文化传承、农业可持续发展和农业功能拓展具有重要的科学价值和实践意义。"

截至2014年年底，全国共有39个传统农业系统被认定为中国重要农业文化遗产。

中国重要农业文化遗产（39项）

序号	省份	系统名称	农业部批准年份
1	天津	滨海崔庄古冬枣园	2014
2	河北	宣化传统葡萄园	2013
3		宽城传统板栗栽培系统	2014

续表

序号	省份	系统名称	农业部批准年份
4	河北	涉县旱作梯田系统	2014
5	内蒙古	敖汉旱作农业系统	2013
6		阿鲁科尔沁草原游牧系统	2014
7	辽宁	鞍山南果梨栽培系统	2013
8		宽甸柱参传统栽培体系	2013
9	江苏	兴化垛田传统农业系统	2013
10		青田稻鱼共生系统	2013
11		绍兴会稽山古香榧群	2013
12	浙江	杭州西湖龙井茶文化系统	2014
13		湖州桑基鱼塘系统	2014
14		庆元香菇文化系统	2014
15		福州茉莉花种植与茶文化系统	2013
16	福建	尤溪联合体梯田	2013
17		安溪铁观音茶文化系统	2014
18	江西	万年稻作文化系统	2013
19		崇义客家梯田系统	2014
20	山东	夏津黄河故道古桑树群	2014
21	湖北	羊楼洞砖茶文化系统	2014
22	湖南	新化紫鹊界梯田	2013
23		新晃侗藏红米种植系统	2014
24	广东	潮安凤凰单丛茶文化系统	2014
25	广西	龙脊梯田农业系统	2014
26	四川	江油辛夷花传统栽培体系	2014

续表

序号	省份	系统名称	农业部批准年份
27	云南	红河哈尼梯田系统	2013
28		普洱古茶园与茶文化系统	2013
29		漾濞核桃—作物复合系统	2013
30		广南八宝稻作生态系统	2014
31		剑川稻麦复种系统	2014
32	贵州	从江稻鱼鸭系统	2013
33	陕西	佳县古枣园	2013
34	甘肃	皋兰什川古梨园	2013
35		迭部扎尕那农林牧复合系统	2013
36		岷县当归种植系统	2014
37	宁夏	灵武长枣种植系统	2014
38	新疆	吐鲁番坎儿井农业系统	2013
39		哈密市哈密瓜栽培与贡瓜文化系统	2014